高强钢构件的稳定性能及设计方法

申红侠　著

U0213261

科学出版社

北　京

内 容 简 介

本书介绍了高强钢的工程应用及其材料性能；提出了高强钢材料的应力-应变模型和高强钢构件常用截面的残余应力分布模型；给出了高强钢轴压构件、受弯构件和压弯构件发生局部屈曲、整体屈曲和局部-整体相关屈曲的研究方法；重点阐述了高强钢轴压构件、受弯构件和压弯构件发生局部屈曲、整体屈曲和局部-整体相关屈曲所表现的性能；在解释原理的同时提供了高强钢轴压构件、受弯构件和压弯构件发生局部屈曲、整体屈曲和局部-整体相关屈曲的最新设计计算方法。

本书可供土木工程领域的科研人员、高校教师、研究生作为参考资料，也可供工程技术人员学习参考。

图书在版编目（CIP）数据

高强钢构件的稳定性能及设计方法／申红侠著.—北京：科学出版社，2021.1

ISBN 978-7-03-067329-9

Ⅰ. ①高… Ⅱ. ①申… Ⅲ. ①高强度钢-结构稳定性-研究 Ⅳ. ①TG142.7

中国版本图书馆 CIP 数据核字（2020）第 264905 号

责任编辑：祝 洁 杨向萍／责任校对：杨 赛
责任印制：张 伟／封面设计：陈 敬

科学出版社 出版
北京东黄城根北街 16 号
邮政编码：100717
http://www.sciencep.com
北京中石油彩色印刷有限责任公司 印刷
科学出版社发行 各地新华书店经销

*

2021 年 1 月第 一 版 开本：720 × 1000 B5
2021 年 1 月第一次印刷 印张：12
字数：240 000
定价：98.00 元
（如有印装质量问题，我社负责调换）

前　言

建筑钢结构的发展趋势是高强度钢材的应用日益广泛，且强度水平不断提高。随着国民经济和社会的快速发展，钢结构中采用 Q235 和 Q345 级钢已不能满足实际工程的需要。高强钢不仅表现在强度上，同时具有良好的塑性、韧性、可焊性，以及其他方面的优良性能，这使得它的推广应用成为可能。高强钢在国内外超大空间、大跨度、超高层等建筑结构、桥梁结构和输电塔中成功应用，并取得了良好的经济效益和社会效益。

高强钢的特点是屈服强度大幅提高，但钢材的弹性模量与普通碳素结构钢相同，结构构件的刚度要求和整体稳定要求可能使它的优越性不能充分发挥。为此，国内外对高强钢构件的稳定问题展开了一系列的研究，并取得了丰硕的研究成果。作者及所在课题组自 2010 年开始研究高强钢构件的稳定性，内容包括：高强钢轴心受压构件的整体屈曲、局部−整体屈曲的相关性，高强钢单向压弯构件的局部−整体弯曲屈曲的相关性、局部−整体弯扭屈曲的相关性，高强钢双向压弯构件的局部−整体空间弯曲屈曲的相关性等。本书内容主要源于：一、作者多年的研究成果；二、作者分析他人试验数据提出的新观点，如高强钢材料的应力−应变模型、高强钢构件常用截面的残余应力分布模型、高强钢轴压构件板件宽厚比的限值、高强钢轴心受压构件整体稳定概念的澄清等。

全书共 5 章：第 1 章为绪论。第 2 章为高强钢构件截面残余应力。第 3 章为高强钢构件的局部稳定。第 4 章为高强钢构件的整体稳定。第 5 章为高强钢构件局部稳定和整体稳定的相关性。本书可供土木工程领域的科研人员、高校教师、研究生，以及工程技术人员参考使用。

本书是陕西省自然科学基金面上项目"腹板高厚比超限的高强钢压弯构件平面内极限承载力研究"(2013JM7008)、"Q690 钢薄壁截面轴心受压构件稳定性能研究"(2018JM5079)、陕西省教育厅专项科研计划项目"腹板高厚比超限的高强钢压弯构件面内稳定性研究"(2013JK097)与"高强度钢构件局部和整体屈曲相关性研究"(11JK0950)的研究成果。在本书即将出版之际，感谢各基金项目的资助！感谢参与研究工作的研究生！感谢西安建筑科技大学土木工程学院各位领导的支持、鼓励和帮助！感谢科学出版社的支持与协助！

限于作者水平和所掌握的资料，书中难免有不妥之处，敬请读者批评指正。

作　者

2020 年 7 月

目　　录

第1章 绪 论

2008 年，Q460E 钢成功应用于国家体育场主体结构和中央电视台新台址主楼。从此以后，高强钢成为国内外研究的一个热点。本章介绍高强钢结构的优点，高强钢的工程应用、品种、化学成分及其选用。

高强度钢材的主要性能指标是影响其应用的关键因素。本章全面介绍高强度钢材的屈服强度、抗拉强度、伸长率、弹性模量、切线模量、冷弯性能、冲击韧性、可焊性、耐腐蚀性和耐火性能及其相关试验。其中，高强度钢材的应力-应变模型是研究高强钢构件稳定性能的基础，本章在前人研究成果的基础上，提出适用于高强钢的应力-应变模型。

1.1 高强钢结构的优点及工程应用

1.1.1 高强钢结构的优点

与普通钢相比，高强钢结构不仅同样具有材质均匀、塑性和韧性好、质量轻、便于制造和运输、易于连接、安装及拆卸方便、可回收利用等优点，还有以下显著优势[1-6]：

(1) 可以满足更复杂建筑方案、更大建筑跨度、更高建筑高度的要求，同时增大建筑使用空间，提高土地利用率。

(2) 在相同的荷载作用下，能够减小构件的截面尺寸，从而节约钢材并减轻结构自重，特别是结构自重占荷载比例大的大跨度结构，采用高强钢更为有利。结构自重的减轻可以降低基础造价，在抗震设防区还能有效降低地震作用，故高强钢结构兼具经济性和安全性。

(3) 能够减小构件截面尺寸和钢板厚度，从而有效减少焊接材料的用量和施焊工作量，减少防锈、防火等涂料的用量和工作量，降低加工制造、运输和施工安装成本，进而创造可观的经济效益；钢板厚度的减小，使焊缝尺寸得以减小，焊缝质量得到提高，钢结构的疲劳性能得到明显的改善。

(4) 我国炼钢所用铁矿石大量依靠进口，用钢量、焊接材料及涂料用量的减少，可以节约资源和能源，促进环境保护，还能节省大量外汇。

1.1.2 高强钢结构的工程应用

高强钢最早应用在日本的桥梁结构中，后来逐渐发展到澳大利亚、德国、美国等国家。近些年，高强钢在我国的应用也日益广泛。目前高强钢主要应用于建筑结构、桥梁结构和输电塔中，并有发展到其他领域的趋势[1-22]。

1. 建筑结构

高强钢在建筑结构领域的应用范围较小，主要局限于大跨屋盖结构以及高层建筑的底层柱子、梁柱节点或转换层构件。采用的钢材强度等级主要集中于名义屈服强度(f_y)460～690MPa。

国内外成功应用高强钢的典型建筑结构如下：

德国柏林索尼中心(Sony Center)(图 1-1)将大楼的一部分楼层悬挂在屋顶桁架上以保护原有建筑物。屋顶桁架跨度 60m，高 12m，杆件为 600mm×100mm 矩形实心截面，采用 S460(腹杆)和 S690(弦杆)高强度钢材(f_y 分别为 460MPa、690MPa)，以尽可能减小构件截面尺寸、降低结构自重。

美国休斯顿市的瑞兰特体育馆(Reliant Stadium)(图 1-2)的可开合屋面由两块 107m×152m 空间桁架组成，使用了 3300 多吨 A913 Grade65(f_y=450MPa)热轧型钢，减少用钢量 800 多吨，大大降低了屋面自重，取得了很好的经济效益。

图 1-1　德国柏林索尼中心　　　　　图 1-2　美国瑞兰特体育馆

扬州体育公园体育场(图 1-3)西看台罩篷造型独特，是整个体育公园建筑群的亮点，也由于建筑效果的特殊要求而成为结构设计的难点。罩篷钢结构设计采用"预应力桁架拱+钢桁架撑+斜撑杆+背拱"的结构形式，背拱下部支承在型钢混凝土剪力墙上。东侧预应力拱桁架拱脚跨度 280m，拱底拉索中心标高 −1.6m，拱顶标高 42.978m；钢桁架撑最大跨度 37.099m；屋盖外缘上、下挑篷自主拱中心向东最大出挑 25.75m。其主拱弦杆截面为 Φ750mm×(16～60)mm，个别节间内设 30～65mm 厚插板，材质均为 Q460 钢。

　　深圳会展中心(图 1-4)总建筑面积约为 2.5 万 m^2，是深圳市的标志性建筑，主体东西长 540m，南北长 280m，高 60m。钢结构部分由展厅、会议厅和入口三部分组成，总用钢量 31244t。展厅屋盖为带钢棒双箱梁拱结构。弧梁中心线半径为 633.7m，结构跨度 126m，一端与地面铰接，另一端与标高约 30m 处混凝土柱牛腿铰接。双箱梁中心距为 3m，每个箱梁截面宽 1000mm，高 2600mm。下弦拉杆采用 3 根平行放置的 Φ140mm 或 Φ150mm 的钢棒。会议厅屋盖为双箱梁拱结构，柱脚跨度为 60m。双箱梁中心距为 3m，每个箱梁截面宽 1000mm，高 2000mm。其屋面及展厅下弦拉杆均采用 f_y 为 550MPa 和 460MPa 钢。其中，550MPa 级别 Φ150mm 钢拉杆是目前国内外强度要求最高、直径最大的钢拉杆，在国内建筑工程上也是首次应用。

　　　图 1-3　扬州体育公园体育场　　　　　　　图 1-4　深圳会展中心

　　日本第一幢采用高强钢的建筑是横滨地标塔(Landmark Tower)(图 1-5)，其工字形柱采用了 600MPa 的高强钢。位于东京的东日本铁路公司(East Japan Railway Company)总部大厦及电视台大厦(NTV Tower)也采用了高强度钢材，取得了显著经济效益。

　　澳大利亚悉尼达令港(Darling Harbour)内的星港城(Star City)(图 1-6)集娱乐与休闲为一体，包括一个娱乐场、一个酒店和两个大型剧院，整个建筑物共 13 层，包括屋顶和地下 5 层。其地下停车场柱子和内部剧院的桁架结构(跨度 30m，高度 3.5m)两处采用了 650MPa 和 690MPa 强度等级的钢材，解决了建筑和施工的难题，是一个非常成功的应用高强钢的工程。

　　国家体育场鸟巢(图 1-7)平面为椭圆形，长轴 340m，短轴 292m，屋盖中间有一个 146m×76m 的开口。其钢结构的柱脚、菱形柱等关键部位采用了国产 Q460E/Z35(f_y=460MPa)高强钢，解决了复杂的焊接难题，是我国钢结构中应用高强钢的成功尝试。

图 1-5　日本横滨地标塔　　　　　　图 1-6　悉尼星港城

中央电视台新台址主楼(图 1-8)高 230m，建筑造型奇特，施工难度很大，采用 3500t Q420D 钢和 2700t Q460E/Z25/Z35 高强钢(主要用于蝶形节点)解决了施工难题，同时达到了满意的建筑效果。

图 1-7　国家体育场鸟巢　　　　图 1-8　中央电视台新台址主楼

作为 2011 年世界大学生夏季运动会主会场的深圳湾体育中心(图 1-9)，属于超大跨度空间钢结构体系，钢结构屋盖由单层网壳、双层网架(综合馆和游泳馆)及竖向支撑系统构成。单层网壳为复杂的空间曲面，平面长约 500m，宽约 240m，屋盖体系最大标高 52m。双层网架为曲面形式的正交斜放四角锥网架，平面投影均为椭圆形。综合馆椭圆短轴 104.3m，长轴 117.9m；游泳馆短轴 77.6m，长轴 98.6m，网架高度分别为 4.5m 和 3.5m。其主体钢结构中的树形柱采用了 Q460GJD 高强钢。

北京凤凰国际传媒中心(图 1-10)办公楼(10 层)和演播楼(4~6 层)为钢筋混凝土结构，外壳结构采用复杂空间曲面的钢结构体系，将两个混凝土楼连为一体，形成连体结构。由于建筑外形为复杂空间曲面，为更好地表现建筑效果、充分利用钢材性能、节省造价，采用国产优质钢材 Q345GJD、Q420GJD 和 Q460GJE。

图 1-9　深圳湾体育中心

图 1-10　北京凤凰国际传媒中心

为了扩大高性能结构钢在我国民用建筑中的使用规模和范围，绿地集团打造了示范工程——郑州绿地中央广场(图 1-11)。其南塔楼为超高层办公楼，地上 66 层，建筑高度 300m，地上建筑面积约 25.0 万 m²。塔楼结构采用了支撑框架-核心筒-环带桁架混合结构体系，其中，外框架由型钢混凝土柱、柱间支撑及钢梁组成。钢结构工程中的柱、梁、支撑等构件采用高性能钢材 Q460GJ、Q550GJ 和 Q690GJ。经分析论证，使用高强钢可以节约钢材约 20%。

图 1-11　郑州绿地中央广场

2. 桥梁结构

早在 20 世纪 50 年代，日本就开始采用名义屈服强度为 500MPa 和 600MPa 级的高强度钢，在 60 年代中期开始采用 800MPa 级钢，累计建造了数百座桥梁。1974 年建成的大阪港大桥，耗费 700MPa 级钢 1073t、800MPa 级钢 4195t。位于本四连络线(儿岛-坂出线)的桥梁(包括公铁两用的 3 座悬索桥、2 座斜拉桥和 1 座桁梁桥)上，大量采用了 600MPa、700MPa 和 800MPa 级钢。明石海峡大桥的加劲桁梁采用了 800MPa 级钢，取得了减轻自重的良好效果。欧洲桥梁用钢的名义屈服强度通常在 460～690MPa。美国桥梁多采用高性能钢(high performance steel，简称 HPS)耐候钢——HPS 485W 和 HPS 690W[19,23]。

日本东京湾跨海大桥(图 1-12)是一座大跨度的桁架桥，由于需要满足桥底船只航行要求及附近飞机场飞机起降高度要求，其桁架杆件采用了 BHS 500 和 BHS 700 级高强度钢材，很好地达到了设计要求。

德国杜塞尔多夫-莱茵河(Dusseldorf-Ilverich)大桥(图 1-13)，由于严格的设计要求，其主跨两端 V 形桥塔顶部连系梁要承受较大的拉力，采用了 S460ML(f_y=460MPa)高强钢，减小了钢板厚度和结构自重，提高了焊缝质量和疲劳性能，取得了较为显著的经济效益。

图 1-12　日本东京湾跨海大桥　　　图 1-13　德国杜塞尔多夫-莱茵河大桥

法国的米洛(Millau)大桥(图 1-14)是一座多跨斜拉桥，高度达到 343m，全长 2460m，由中间六个 342m 主跨和两边各一个 204m 跨组成。其主梁、连接件及桥塔采用了 S460 高强钢，达到了严格的设计要求。

军用桥梁(图 1-15)往往要求构件质轻以便于战时快速运输与拼装，多采用高强或超高强度钢材。瑞典的 48m 跨快速安装军用桥采用 S460、S960 和 S1100 高强钢，其中对角桁架采用 S460(为矩形空心截面)，结合板采用 50mm 厚的 S960，桥面板采用 5mm 厚 S1100。由于军用桥梁对变形没有严格的限制，因此可以充分利用高强钢减轻质量，降低制造成本，提高使用寿命。

图 1-14　法国米洛大桥　　　　　　图 1-15　军用桥梁

3. 输电塔

美国和日本较早地开展了输电塔(图 1-16)用高强钢的研究与应用，两国铁

塔设计标准均已给出较高等级的可选钢
材，日本电气协会《架空送电规程》JEAC
6001—2000 中焊接结构钢的名义屈服强
度最高为 460MPa，铁塔用高拉力型钢的
名义屈服强度达 520MPa[10]；美国土木工
程师协会《输电铁塔设计导则》ASCE
10—1997[24]中的钢材强度达到 686MPa。
近十多年，我国电力行业迅猛发展，高
强钢在输电塔结构中的应用越来越多，

图 1-16　输电塔

强度也越来越高。2000 年后，输电塔大部分采用 Q420 角钢，角钢的规格限制
在 L200mm×24mm 以下。2010 年，开始大规模应用 L220mm×35mm 和
L250mm×35mm 的大规格 Q420 角钢。2007 年发布实施的冶金行业标准
YB/T 4163—2007《铁塔用热轧角钢》将 Q460 角钢纳入其中，为设计提供依据。
同年，Q460 角钢在平顶山—洛阳 500kV 线路的铁塔中应用，取得了良好的综合效
益。与此同时，也出现了钢管塔。例如，酒泉—安西 750kV 线路应用了 Q420C 钢
管和高颈法兰。2009 年，500kV 练塘—泗泾双回路线路在国内首次采用了 Q460 钢
的钢管塔结构。2010 年，采用 Q460 高强钢钢管和法兰的淮南—上海 1000kV 同
塔双回线路工程钢管塔通过真型荷载试验。河南省电力勘测设计院设计的国内
首次采用 Q690 钢的钢管塔，钢管、法兰、法兰加劲板均采用 Q690 钢，是世界
上使用最高强度级别钢材的输电线路钢管塔，成功通过了真型荷载试验[25]。

此外，铁道、船舶、汽车、海洋平台结构、压力容器、油气输送管道、机
械及核能等领域也是高强钢应用的潜在市场。

1.2　高强钢的品种、化学成分及选用

不同文献资料[3,11]对高强钢的定义不同，大部分将名义屈服强度大于等于
460MPa 的钢材称为高强钢。本书基于最新的研究成果，定义高强钢为名义屈
服强度大于等于 420MPa 的钢材。

1.2.1　高强钢的品种

随着强度的提高，钢材的塑性、韧性、可焊性等均会降低。通过改进冶金
工艺或微合金化技术，可保证高强钢在取得较高强度的同时保持良好的塑性、
韧性和可焊性。对处于特殊工作环境的钢材，要求具有较强的耐腐蚀性或耐火
性。概括起来，高强钢不仅要具有较高的强度，还要有良好的变形能力和加工

性能，以及满足特殊需求的一项或多项性能指标。因此，高强钢有时也称为高强高性能钢。

热处理是改善高强钢材料性能的一种重要手段，其原理是通过改变钢的组织来改变它的性能。《低合金高强度结构钢》GB/T 1591—2018[26]规定，低合金高强度结构钢一般以热轧、控轧、正火轧制或正火加回火、热机械轧制加回火状态交货。其中，正火是最简单的热处理方法，将钢材加热至850~900℃并保持一段时间后，在空气中自然冷却。如果钢材在终止轧制时温度刚好控制在上述温度范围，可得到正火的效果，称为正火轧制。回火是将钢材重新加热至650℃并保持一段时间，然后在空气中自然冷却。热机械轧制(thermo mechanical control process，简称 TMCP)是一种新工艺，又称为"温度-形变控轧控冷"，是将轧制温度和轧制挤压量控制在适当范围内，并在轧制完毕后加速冷却。

微合金化技术通过提高微合金元素铌(Nb)、钒(V)、钛(Ti)、铬(Cr)、镍(Ni)等来代替碳(C)元素使钢材屈服强度大幅提高，同时改善塑性、韧性和可焊性。

各国所用高强钢材料不同，其牌号、等级和表示方法也不同。

1. 国内高强钢材料

我国对高强钢的表示沿用了原有的方法，采用统一牌号标记：Q 加数字。Q 表示"屈服强度"中"屈"字汉语拼音的首字母大写，数字表示名义屈服强度的大小，以 MPa 为单位。

最近几年，国内有关高强钢的研究成为一个热点，主要有 Q420、Q460、Q500、Q550、Q620、Q690、Q800、Q890 和 Q960 钢以及高性能建筑结构用钢(以 GJ 表示)Q460GJ、Q550GJ 和 Q690GJ。实际工程中已应用的高强钢有 Q420、Q460、Q460GJ、Q550GJ 和 Q690GJ 钢。

《低合金高强度结构钢》GB/T 1591—2018[26]推荐了 Q420、Q460、Q500、Q550、Q620、Q690 等六种高强钢。《建筑结构用钢板》GB/T 19879—2015[27]推荐了 Q420GJ、Q460GJ、Q500GJ、Q550GJ、Q620GJ、Q690GJ 等高强钢。每一种牌号又分为不同质量等级。Q420、Q420GJ 和 Q460GJ 钢对应 B、C、D、E 四个质量等级，其余的钢材对应 C、D、E 三个质量等级。高强钢质量等级划分的依据是冲击韧性试验的温度。B、C、D 和 E 级分别提供 20℃、0℃、−20℃和−40℃的冲击韧性。GJ 钢的出现是一个重要的里程碑。与同牌号的钢相比，GJ 钢具有较高的伸长率和较低的屈强比，同时屈服强度的离散性也较低。另外，有些牌号钢还可保证沿厚度方向的性能。厚度方向性能钢板分为 Z15、Z25 和 Z35 三个级别，表示厚度方向断面收缩率分别不小于 15%、25%和 35%。

除此之外，我国还有高强度桥梁钢和高强度耐候钢。高强度桥梁钢不仅硫、磷含量低，而且还有低温冲击韧性随钢材强度提高的特点。D 级和 E 级的 Q420q

钢冲击韧性不低于 47J，高于 Q420 和 Q420GJ 的钢材要求不低于 34J。2008 年修订的《桥梁用结构钢》GB/T 714—2008 增加了 Q420q、460q、Q500q、Q550q、Q620q 和 Q690q 等高性能钢种，但到目前为止，国内屈服强度超过 460MPa 的钢材尚未应用到桥梁工程中。耐候钢通过添加少量合金元素，如 Cu、Cr、Ni 等，在金属基体表面形成保护层，以提高钢材的耐腐蚀性能。我国高强耐候钢有 Q415NH、Q460NH、Q500NH 和 Q550NH[28]。

2. 国外高强钢材料

1) 欧洲

欧洲《高强钢热轧钢板》EN 10025-6：2004(简称欧洲规范 EN 10025-6)[29] 推荐了 S420、S460、S500、S550、S620、S690、S890 和 S960 八种钢。S 后的数字表示名义屈服强度，单位为 MPa。除了 S960 外，每种钢又根据钢材的冲击韧性值分为 Q、QL 和 QL1 三个级别。

2) 美国

美国《钢结构规范》ANSI/AISC 360-16(简称美国规范 ANSI/AISC 360-16)[30] 推荐了 ASTM A992/A992M、A913/A913M、A709/A709M 和 A514/A514M 钢。其中，A992/A992M 和 A913/A913M 中 Gr. 60 和 Gr. 65 的名义屈服强度 f_y 分别为 414MPa 和 448MPa；A514/A514M 钢名义屈服强度 f_y 为 690MPa；A709/A709M 为桥梁钢，主要有 HPS70W(f_y=485MPa)和 HPS100W(f_y=690MPa)钢，其中 W 代表钢材具有耐候性。

美国桥梁用钢只给定了最低屈服强度，未对屈服强度范围和屈强比进行控制；更注重于材料的抗疲劳和断裂性能、可焊性和冲击韧性指标，特别是低温断裂韧性以避免发生低温脆断；其焊接预热和层间温度相关要求也远低于普通钢材。另外，美国桥梁用 HPS 具有较好的延性，所有 HPS 系列钢的伸长率都在 18%～30%，保证其具有良好的变形性能以及抗震性能。HPS 的碳当量较其他高强度钢相对低，具有良好的可焊性，而碳当量降低引起的强度损失通过增加其他的金属元素加以弥补，其中的一些金属元素，如 Ni，可以提高钢材断裂韧性。HPS 具有良好的耐候性，可以达到传统耐候钢在恶劣环境下的耐腐蚀效果[23]。

3) 日本

日本是一个地震多发的国家。为了达到良好的抗震性能及可焊性，日本于 1994 年研发了 SN490 钢。其屈服强度为 445MPa，抗拉强度为 490～610MPa，屈强比不超过 0.8，0℃时的冲击韧性不低于 27J。其可焊性通过限制碳当量及焊接裂纹敏感性系数来保证。新的抗震设计理念——"主体结构在大震仍保持弹性，由专门的耗能构件消耗地震能"促使日本研发更高强度的钢，现已研发出抗拉强度为 780MPa 的钢板和钢管及抗拉强度为 950MPa 的钢板。

1.2.2　高强钢的化学成分

化学成分是影响高强钢性能的主要因素之一。低合金高强钢是在普通碳素钢的基础上添加微量合金元素研制出来的，并要求总的合金元素的含量不超过 3%。各国高强钢的化学成分基本相同，只是各元素的含量限值略为不同。表 1-1 给出我国常用高强钢和欧洲规范 EN 10025-6[29]推荐的 S420～S960 八种高强钢(三种质量等级 Q、QL 和 QL1)的化学成分(质量分数)。

表 1-1　我国和欧洲部分高强钢的化学成分

牌号	质量等级	化学成分(质量分数)/%														
		碳(C)	硅(Si)	锰(Mn)	磷(P)	硫(S)	铌(Nb)	钒(V)	钛(Ti)	铬(Cr)	镍(Ni)	铜(Cu)	氮(N)	钼(Mo)	硼(B)	酸溶铝(Als)
		≤														≥
Q420	B C D E	0.20	0.50	1.70	0.035 0.035 0.030 0.030 0.025	0.035 0.035 0.030 0.025 0.020	0.07	0.20	0.20	0.30	0.80	0.30	0.015	0.20	—	— — 0.015 0.015 0.015
Q460	C D E	0.20	0.60	1.80	0.030 0.030 0.025	0.030 0.025 0.020	0.11	0.20	0.20	0.30	0.80	0.55	0.015	0.20	0.004	0.015
Q500	C D E	0.18	0.18	1.80	0.030 0.030 0.025	0.030 0.025 0.020	0.11	0.12	0.20	0.60	0.80	0.55	0.015	0.20	0.004	0.015
Q550	C D E	0.18	0.18	0.20	0.030 0.030 0.025	0.030 0.025 0.020	0.11	0.12	0.20	0.80	0.80	0.80	0.015	0.30	0.004	0.015
Q620 Q690	C D E	0.18	0.18	0.20	0.030 0.030 0.025	0.030 0.025 0.020	0.11	0.12	0.20	1.0	0.80	0.80	0.015	0.30	0.004	0.015
S420～S960	Q QL QL1	0.20	0.80	1.70	0.025 0.020 0.020	0.015 0.010 0.010	0.06	0.12	0.05	1.5	2.0	0.50	0.015	0.70	0.005	—

由表 1-1 可知，我国和欧洲所用高强钢各质量等级之间的区别主要是磷(P)和硫(S)杂质元素含量的限值不同，质量等级越高，限制越严格；欧洲规范 EN 10025-6 中 P 和 S 的含量限值比我国规范更严格，欧洲最高质量等级(QL1 级)

钢中 P 和 S 含量分别不超过 0.020%和 0.010%，低于我国最高等级(E 级)钢中 P 和 S 含量的限值 0.025%和 0.020%。随着钢材屈服强度和质量等级的提高，我国高强钢中碳(C)的含量由 0.20%降至 0.18%，而一些可提高钢材强度、抗锈蚀性能的元素，如铌(Nb)、铬(Cr)、铜(Cu)和钼(Mo)的含量提高了，硅(Si)、锰(Mn)和钒(V)的含量则降低了，其余的化学元素含量不变。欧洲高强钢中 Cr、Mo 和镍(Ni)三种元素的含量则远高于我国规范的规定。

　　表 1-2 给出我国、美国、欧洲和日本所用高强度桥梁钢的化学成分。由表 1-2 知，与一般的高强钢相比，高强度桥梁钢的 C、P、S 含量显著减少。C 含量大部分控制在 0.16%以下，甚至更低；P 含量大部分控制在不超过 0.02%；S 含量大部分控制在不超过 0.010%。碳含量和碳当量与钢材焊接性能密切联系，当碳含量低于 0.11%时，即使合金水平很高，焊接热影响区的硬度也相对较低。降低 S、P 的含量可改善高强钢的韧性和焊接性能。同时，高强度桥梁钢中 Cu、Cr、Ni 和 Mo 元素的含量显著提高，能稳固材料表面氧化层，从而阻止钢材继续向内腐蚀，使高强钢具有良好的耐候性。

表 1-2　部分国家及地区高强度桥梁钢的化学成分

牌号	化学成分(质量分数)/%									
	碳(C)	硅(Si)	锰(Mn)	磷(P)	硫(S)	钒(V)	铬(Cr)	镍(Ni)	铜(Cu)	钼(Mo)
我国 Q420q	≤0.08	≤0.50	≤1.65	≤0.020	≤0.010	—	—	—	≤0.50	≤0.30
美国 HPS 485W	≤0.11	0.30～0.50	1.1～1.35	≤0.02	≤0.006	0.04～0.08	0.45～0.70	0.25～0.40	0.25～0.40	0.02～0.08
美国 HPS 690W	≤0.11	0.15～0.35	0.95～1.50	≤0.015	≤0.006	0.04～0.08	0.40～0.65	0.65～0.90	0.90～1.20	0.40～0.65
欧洲 S460M	≤0.16	≤0.60	≤1.70	≤0.025	≤0.020	≤0.12	≤0.30	≤0.80	≤0.55	≤0.20
欧洲 S690M	≤0.20	≤0.80	≤1.70	≤0.020	≤0.010	≤0.12	≤1.5	≤2.00	≤0.50	≤0.70
日本 BHS 500	≤0.11	≤0.50	≤2.00	≤0.02	≤0.006	—	0.45～0.75	0.05～0.30	0.30～0.50	—
日本 BHS 700	≤0.14	≤0.50	≤2.00	≤0.015	≤0.006	≤0.005	0.45～0.80	0.30～2.00	≤0.30	≤0.60

1.2.3　高强钢的选用

　　高强钢比较适用于以下构件：强度起控制作用的构件；大跨屋盖和大跨桥梁的主要承重构件；高层和超高层建筑的底层柱子；自重较轻，强度要求较高的结构构件。

　　高强钢的选用要综合考虑结构的重要性、荷载的性质、应力状态、连接方法、工作环境、加工条件和钢材的性价比等因素，合理地选用钢材的牌号、质量等级、性能指标和技术要求，并明确交货状态。

　　承重结构所用的高强钢应具有屈服强度、抗拉强度、伸长率以及硫和磷含量的保证。焊接承重结构和重要的非焊接承重结构采用的高强钢应保证冷弯性能合格。确定钢材牌号的主要因素是结构所受荷载和结构体量的大小。跨越式结构跨度越大，使用高强钢越经济。钢材质量等级选择的主要依据是对冲击韧性的要求。直接承受动力荷载或需要验算疲劳的构件需有冲击韧性值保证。焊接结构还应保证其碳当量。

　　连接所用的材料，如焊条、自动和半自动焊的焊丝及螺栓钢材的选用要和对应的母材相适应。Q420 钢选用 E55 型焊条；Q460 钢选用 E55、E62 型焊条；Q500 和 Q550 钢选用 E62、E69 型焊条；Q620 和 Q690 钢选用 E69 和 E76 型焊条。直接承受动力荷载或需要验算疲劳的结构及低温环境工作的厚板结构，宜采用低氢型焊条。

1.3　高强钢材料的性能

　　高强钢的主要性能指标有屈服强度、抗拉强度、伸长率、弹性模量、切线模量、冷弯性能、冲击韧性和可焊性等。前 7 个性能指标分别通过高强钢的一次拉伸试验、冷弯试验和冲击韧性试验来测定。可焊性则通过碳当量或焊接裂纹敏感性系数来保证。对于特殊工作环境下的高强钢，还要研究其耐腐蚀性和耐火性。

1.3.1　高强钢一次拉伸时的工作性能

1. 拉伸试验及力学性能指标

　　钢材拉伸试验所表现的力学性能是影响高强钢构件稳定性能的关键因素，也是有限元模拟和试验分析的基础。

　　高强钢拉伸试验的条件是常温、静载、一次拉伸。试件的取样根据《钢及钢产品力学性能试验取样位置及试样制备》GB/T 2975—2018，取横向试样。标准试样一般采用矩形截面(图 1-17)，也可采用其他截面，如圆形。试样的设计、试验的要求及各项性能指标的测定均按国家标准《金属材料拉伸试验 第 1 部分：室温试验方法》GB/T 228.1—2010 来确定。采用电液伺服万能试验机(图 1-18)对试样进行拉伸试验，加载方式及加载速率也要遵照相关规定。

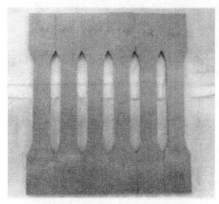

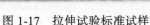

图 1-17 拉伸试验标准试样 图 1-18 电液伺服万能试验机

通过钢材的一次拉伸试验可以测得其应力-应变曲线及主要的力学性能指标：弹性模量 E、屈服强度 f_y、抗拉强度 f_u、泊松比 ν、伸长率 δ 及与 f_y 和 f_u 对应的应变 ε_y 和 ε_u。

文献测得的高强钢应力-应变曲线(图 1-19)不尽相同，大部分得到下降段，少数并未得到。对名义屈服强度为 420MPa 和 460MPa 的钢材[31-38]，文献[31]～[36]的研究均表明，其应力-应变曲线类似于低碳钢和低合金钢，有明显的屈服平台。对 Q500 钢，文献[37]和[38]均表明，大部分情况下无屈服平台，少数有明显屈服平台。对名义屈服强度为 550MPa 以上的高强度钢材[38-48]，文献[38]～[45]和[47]、[48]试验实测结果均表明，其应力-应变曲线无屈服平台，但文献[46]的测试结果出乎意料，板厚 16mm 的 Q690D 钢具有明显的屈服点延伸，其屈服点的变化范围为 756～779MPa。

文献测得拉伸试验的主要力学性能指标见表 1-3。表 1-3 中，应力-应变曲线有明显屈服平台的钢材，实测屈服强度取屈服平台下限对应的应力[图 1-20(a)]；无明显屈服平台的钢材，则取永久变形为 0.2%时的应力[图 1-20(b)]。

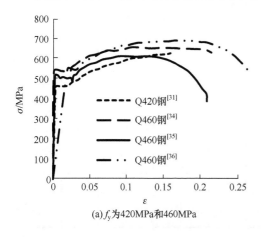

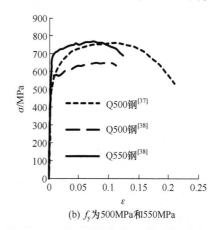

(a) f_y 为420MPa和460MPa

(b) f_y 为500MPa和550MPa

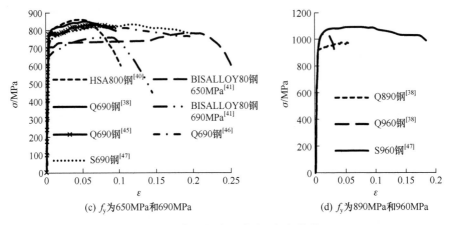

(c) f_y为650MPa和690MPa　　　　　　　(d) f_y为890MPa和960MPa

图 1-19　高强钢实测应力-应变曲线

表 1-3　高强度钢材实测力学性能指标

牌号	名义 f_y /MPa	板厚 /mm	实测 f_y /MPa	f_u /MPa	E /GPa	ε_y/%	ε_u/%	δ/%	v	屈强比	应力-应变关系
Q420[31]	420	8 10 12 14	442.1 454.9 459.4 448.8	595.0 615.3 614.4 609.0	210	—	—	—		0.74 0.74 0.75 0.74	有明显屈服平台
日本 SM58[32]	460	4	568	—	213	—	—	—	0.225	—	类似于低碳钢
Q460[33]	460	11 21	505.8 464.0	597.5 584.8	207.8 217.7	—	—	23.7 31.2	—	0.85 0.79	—
Q460[34]	460	10 12 14	531.9 492.9 492.3	657.0 643.5 631.2	210 212 211	—	14 14.2 14.7	26.7 23.8 28.6	—	0.81 0.77 0.78	有明显屈服平台
Q460GJ[35]	460	8 10 16 12 25 42	523 492 466 546 462 464	669 613 627 673 619 644	205 202 204 209.5 210 208	1.33 2.77 1.40 1.93 1.33 0.9	9.7 11.6 11.1 9.75 11.5 9.9			0.78 0.80 0.74 0.81 0.75 0.72	有明显屈服平台
Q460GJ[36]	460	8 10	526 530	641 665	209.8 210.7	—	—	—		0.82 0.80	有明显屈服平台
Q500qE[37]	500	10	537.3	691.8	—	—	—	21.76	—	0.78	大部分无屈服平台，少数有明显屈服平台
Q550[38]	550	—	686.3	783.8	225	0.51	4.39	—	—	0.88	无屈服平台
Q550GJ[39]	550	12	623.7	796.3	—	—	—	17.3	—	0.78	—
韩国 HSA800[40]	650	15	760	853	200	0.38	—	—	—	0.89	无屈服平台

续表

牌号	名义 f_y /MPa	板厚 /mm	实测 f_y /MPa	f_u /MPa	E /GPa	ε_y/%	ε_u/%	δ/%	ν	屈强比	应力-应变关系
澳大利亚 BISALLOY 80[41]	650 690	5 6	705 660	750 725	213 213	— —	10 10	— —		0.94 0.91	无屈服平台
日本 HT80[42]	690	6	741	—	215	—	10.7	—	0.24	—	无屈服平台
18Mn2CrMoBA[43]	745	3	793.3	—	189.9	—					无屈服平台
Q690[44]	690	5	740	880	196.1	—	—	—	0.235	0.84	无屈服平台
Q690GJ[45]	690	12	737	825	211	0.55	7.00	>17	—	0.89	无屈服平台
Q690[46]	690	16	772	826.2	233.5	—	6.12	21	—	0.93	有明显屈服点延伸
Q690[38]	690	—	796.8	845.3	223	0.56	6.60	—	—	0.94	无屈服平台
Q890[38]	890	—	908.4	966.6	192.8	0.67	5.30	—	—	0.94	无屈服平台
Q960[38]	960	—	973.7	1052	208.3	0.67	1.86	—	—	0.93	无屈服平台

注："—"表示原文献未测得或未给出该项指标。

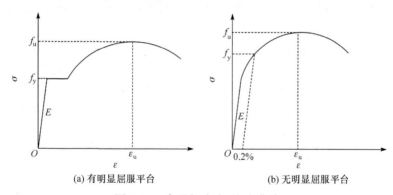

(a) 有明显屈服平台　　　　　　　(b) 无明显屈服平台

图 1-20　高强钢应力-应变曲线

　　由表 1-3 知，除 f_y=690MPa 的澳大利亚钢 BISALLOY80 外，其余的实测屈服强度均大于名义屈服强度；抗拉强度比名义屈服强度高 45～180MPa 不等；弹性模量变化不大，其范围为 189.9～233.5GPa，名义屈服强度较高的 HSA800、18Mn2CrMoBA、Q690[44]和 Q890 钢，其弹性模量略低于普通钢材的弹性模量 206GPa，其他的则略高于普通钢材的弹性模量；已测得的高强钢的泊松比在 0.225～0.24 变化，比普通钢的泊松比 0.3 略低；试样的厚度大多在 3～16mm，较厚的板是文献[33]中 21mm 的 Q460 钢板及文献[35]中的 25mm 和 42mm 的 Q460GJ 钢板，它们的实测屈服强度分别是 464.0MPa、462MPa 和 464MPa，三者极为接近。由于厚板较少，实测屈服强度和抗拉强度随板厚的变化规律并不是太明显。

屈强比是一个重要的力学性能指标，它在一定程度上限制了高强度结构钢材的应用，特别是在抗震设防地区。美国、加拿大、澳大利亚和我国规范都将屈强比限制在小于等于 0.85 或 0.83 范围之内。表 1-3 中高强钢的屈强比变化范围为 0.72～0.94，随着名义屈服强度的提高，屈强比增大；名义屈服强度小于等于 500MPa 的高强钢均满足限值要求，名义屈服强度超过 500MPa 者，屈强比为 0.78～0.94，大多数不满足限值要求。其他文献也有类似的发现。SIVAKUMARAN[49]通过总结众多学者对钢材(包括高强度钢材)力学性能的试验结果，并进行统计分析发现，屈强比随钢材屈服强度的提高而提高，随抗拉强度的提高也同样提高。同样，LANGENBERG[50]总结了欧洲四种高强度结构钢材 S355、S460、S690 和 S890 的力学性能发现，随着钢材屈服强度的增加，屈强比明显增大且逐渐接近于 1.0；超高强度钢材 S690 和 S890 的屈强比均在 0.95 附近，且二者无明显区别；S460 高强度钢材的屈强比在 0.8 附近且有较大变化。

伸长率是反映高强钢塑性变形能力的一个重要指标。表 1-3 中许多文献未给出伸长率 δ，但从已有的数据可以看出，随着名义屈服强度的提高，伸长率减小；对于名义屈服强度为 690MPa 的 Q690GJ 钢，其伸长率仍大于 17%，表明有足够的变形能力。表 1-3 中给出的对应于实测屈服强度和抗拉强度的应变 ε_y 和 ε_u 也可供参考。由表 1-3 知，随着屈服强度和抗拉强度的提高，应变 ε_y 和 ε_u 逐渐降低，表明强度越高，变形能力越低。另外，LANGENBERG[50]总结的力学性能指标也包括延性，发现断后伸长率随钢材强度的提高而减小。但 LANGENBERG[50]认为，断后伸长率仅是一个容易获取、可操作性强、可以直观看出变形和断裂性能的参数，并不能完全代表材料延性。同样，班慧勇等[48]总结国内外四种高强钢 Q420、Q460、S690 和 S960 后也发现，其断后伸长率随着钢材强度的提高而降低。

2. 本构模型

高强钢在单调荷载作用下的本构关系是建立数值模型并进行数值分析的基础。班慧勇[51]在总结已有试验数据的基础上提出了多折线本构模型，并把它应用于高强钢轴心受压构件整体稳定性能计算中，表明其具有足够的准确性。施刚等[38]通过增补试验数据对该模型进行了更新，并提出了非线性和修正的多折线本构模型，以便更准确地表达其应力-应变关系。但由于材料的离散性比较大，试图准确地反映本构关系显然是徒劳。再者，提出的较精确的非线性本构模型公式复杂,不便应用。因此,本书仅介绍多折线[51]和修正的多折线[38]本构模型。

高强钢多折线本构模型如图 1-21 所示,班慧勇[51]给出了 Q460、Q500、Q550、Q620、Q690、Q800、Q890 和 Q960 等八种钢的本构模型。Q460 钢,采用图 1-21(a)所示的有明显屈服平台模型;其他牌号的钢材,均采用图 1-21(b)所示的无明显屈服平台模型。所有高强钢的弹性模量均取 $E=2.06\times10^5$MPa,和普通钢相同。图 1-21 中 f_y 均为名义屈服强度,其数值及其他符号的数值见表 1-4。表 1-4 中 ε_{u1} 为文献[51]给出的与 f_u 对应的起始应变;ε_{u2} 为文献[38]更新后与 f_u 对应的起始应变。两模型其余参数相同。

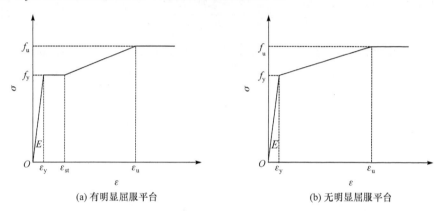

(a) 有明显屈服平台　　　　　　　　　　　(b) 无明显屈服平台

图 1-21　高强钢多折线本构模型[51]

表 1-4　八种高强钢本构模型参数

钢材牌号	f_y/MPa	f_u/MPa	ε_y/%	ε_{st}/%	ε_{u1}/%	ε_{u2}/%
Q460	460	550	f_y/E	2.0	14	12
Q500	500	610	f_y/E	—	10	10
Q550	550	670	f_y/E	—	9	8.5
Q620	620	710	f_y/E	—	9	7.5
Q690	690	770	f_y/E	—	8	6.5
Q800	800	840	f_y/E	—	7	6.0
Q890	890	940	f_y/E	—	6	5.5
Q960	960	980	f_y/E	—	5.5	4.0

图 1-22 给出了修正的高强钢多折线本构模型[38],为四折线模型,用于无屈服平台的高强钢。其中,$\sigma_{0.2}$ 为永久变形为 0.2%时的应力,取表 1-4 中 f_y 的值;σ_u 为极限应力,取表 1-4 中 f_u 的值。弹性模量仍为 $E=2.06\times10^5$MPa。ε_0、$\varepsilon_{0.2}$ 和 ε_h 分别计算如下:

$$\varepsilon_0 = \frac{0.85\sigma_{0.2}}{E} \tag{1-1}$$

$$\varepsilon_{0.2} = \frac{\sigma_{0.2}}{E} + 0.002 \tag{1-2}$$

$$\varepsilon_{\rm h} = \frac{\sigma - \sigma_{0.2}}{E_{0.2}} + 0.5^m \left(\varepsilon_{\rm u} - \frac{\sigma - \sigma_{0.2}}{E_{0.2}} - \varepsilon_{0.2} \right) + \varepsilon_{0.2} \tag{1-3}$$

式中，

$$m = -24.647 \left(\frac{\sigma_{0.2}}{\sigma_{\rm u}} \right) + 25.202 \tag{1-4}$$

$$E_{0.2} = \frac{E}{1 + 0.002n/e} \tag{1-5}$$

式中，$n = \ln 20 / \ln(\sigma_{0.2} / \sigma_{0.01})$；$e = \dfrac{\sigma_{0.2}}{E}$。

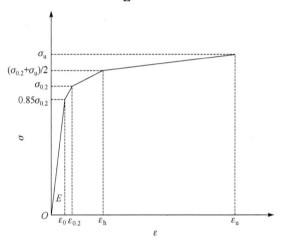

图 1-22　修正的高强钢多折线本构模型[38]

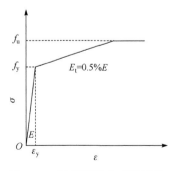

图 1-23　无屈服平台高强钢的
多折线本构模型

由式(1-1)～式(1-5)可看出，修正的高强钢多折线模型涉及多个参数，应用起来仍然不方便。虽然图 1-21(b)中的多折线本构模型简单而便于应用，但必须事先根据表 1-4 确定 $f_{\rm u}$ 和 $\varepsilon_{\rm u}$ 的值。更简单的做法是：利用表 1-4 所给的参数，将图 1-21(b)中的多折线本构模型变换成图 1-23 所示的形式，强化段的切线模量 $E_{\rm t} = 0.5\%E$。通常，当钢材强度等级已知时，$f_{\rm y}$ 和 $f_{\rm u}$ 就可以确定。利用图 1-23 所示的本构模型可以很快地确定其应力-应变关系。随着钢材屈服强度的提高，其 $f_{\rm y}/f_{\rm u}$

值降低,故不难理解高强钢本构模型强化段的斜率 $0.5\%E$ 低于普通钢本构模型的斜率 $1\%E$ 或 $2\%E$。

文献[38]、[51]未给出 Q420 钢的本构模型。Q420 钢一次拉伸试验表现的性能和 Q460 钢类似,可采用图 1-21(a)所示的应力-应变模型。其中,f_y=420MPa。另外,由于多个文献测得 Q420 和 Q460 钢的应力-应变曲线类似于低碳钢 Q235 或低合金钢 Q345,因此它们也可以采用理想的弹塑性模型或考虑强化段的双线性模型。

1.3.2 高强钢的冷弯性能

冷弯试验可判定高强钢的冷弯性能是否合格。冷弯性能属于材料的工艺性能,也是衡量钢材塑性变形能力和冶金质量的综合指标。重要结构中需要有良好的冷热加工工艺时,应有冷弯试验合格保证。冷弯试验合格的钢材能够经受结构制作过程中的冷加工。

试样、试验装置及试验要求需遵照国家标准《金属材料 弯曲试验方法》GB/T 232—2010[52]的相关规定。

高强钢冷弯试验取横向试样,试样的形状和尺寸见图 1-24。

图 1-24 高强钢冷弯试验试样

试样长度 L 根据试样的厚度和弯曲试验装置确定,通常按下式取值:

$$L=5a+150\text{mm} \qquad (a \text{ 为试样厚度})$$

试样宽度:

$$b = (20\pm5)\text{mm} \qquad (板材厚度小于 3\text{mm})$$
$$b = 20\sim50\text{mm} \qquad (板材厚度大于等于 3\text{mm})$$

当板材的厚度不超过 25mm 时,试样厚度应为原产品厚度;当板材厚度大于 25mm 时,试样厚度应加工成 25mm,并保留一个原表面,但试验机允许时,也可不加工。弯曲时,原表面位于弯曲的外侧。

试样应去除剪切或火焰切割的部分,试样表面不得有划痕和损伤,试样的棱边应倒圆,倒圆半径按相关规定确定。

试验采用图 1-25 所示弯曲装置,它由两个支辊轴和一个弯曲压头组成。试验前支辊轴之间的距离为 $l=(d+3a)\pm a/2$。随着试验的进行,支辊轴之间的距离可以调节。压力 P 由试验机或压力机缓慢施加,试验速率应为(1+0.2)mm/s。

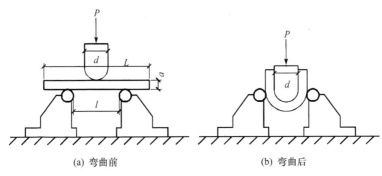

(a) 弯曲前　　　　　　　　　　(b) 弯曲后

图 1-25　高强钢冷弯试验的弯曲装置

试样厚度不同,弯曲压头直径 d 取值也不同,当试样厚度 $a \leqslant 16mm$ 时,$d=2a$;当 $a>16\sim100mm$ 时, $d=3a$。

按图 1-25(b)所示将试样弯曲 180°,若试样弯曲外表面无肉眼可见的裂纹即为冷弯试验合格。

1.3.3　高强钢的冲击韧性

冲击韧性试验用于测定钢材在冲击荷载作用下表现出来的性能,即韧性。韧性是钢材断裂时吸收机械能能力大小的度量。

高强钢冲击韧性试验取纵向试样。根据《金属材料 夏比摆锤冲击试验方法》GB/T 229—2007[53],标准试样尺寸如图 1-26 所示,试样长度为 55mm,横截面为 10mm×10mm 方形截面,试样跨中有夏比 V 形缺口。V 形缺口夹角为45°,深度为 2mm,底部曲率半径为 0.25mm。

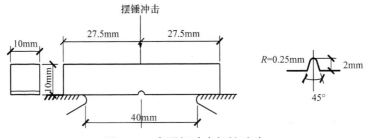

图 1-26　高强钢冲击韧性试验

使用冲击试样拉床拉出 V 形缺口,缺口开在厚度方向上。由于试样缺口尺寸加工质量对冲击试验的结果影响较大,因此使用拉床加工试验前试样先进行试加工,用冲击试样缺口投影仪检查确认缺口尺寸符合要求后再加工正式试样,正式试样加工后再用投影仪进行检查以确定缺口尺寸是否符合要求[25]。

冲击韧性试验需在摆锤式冲击试验机上进行。试样在摆锤冲击下折断所需的功,即为冲击韧性值。夏比缺口韧性用 A_{kv} 或 C_v 表示,单位为 J。

冲击韧性值随温度的变化而变化。当温度低于某一值时，冲击韧性值将急剧下降。

田越[37]对 Q500qE 钢进行冲击韧性试验。板厚取值为 32mm、44mm、50mm 和 60mm，温度分别为 20℃、0℃、−20℃、−40℃、−60℃、−78℃和−100℃。每种板厚，在每个温度下做 3 个试样，冲击韧性值取其平均值，试验结果见表 1-5。由冲击韧性值随温度的变化曲线确定的各种厚度板件的转脆温度也列于表 1-5 中。这批试样由于厚度都比较大，其冲击韧性值也比较大。板件越厚，断裂时所需要的功越大。与以往的 Q370qE 和 Q345qD 桥梁钢相比，Q500qE 高性能桥梁钢的韧脆转变温度大大降低，具有良好的低温冲击韧性。

表 1-5 高强钢 Q500qE[37]和 Q460C[54]在不同温度下的冲击韧性试验结果

高强钢	板厚/mm	冲击韧性值/J							转脆温度/℃
		20℃	0℃	−20℃	−40℃	−60℃	−78℃	−100℃	
Q500qE	32	229	228	248	218	220	200	125	−82
	44	221	231	223	213	196	129	70	−74
	50	328	338	312	287	306	283	260	−100
	60	310	308	328	306	261	247	102	−83
Q460C	14	58.80	57.64	26.67	26.55	22.31	—	—	−11

林云[54]对 Q460C 钢 14mm 厚钢板进行冲击韧性试验，并确定其转脆温度。试验温度分别为 20℃、0℃、−20℃、−40℃和−60℃。在每个温度下做 3 个试样，冲击韧性值取其平均值，试验结果见表 1-5。结果表明，当温度降至−20℃时，Q460C 钢的冲击韧性值急剧下降，甚至低于规范规定的 34J。

1.3.4 高强钢的可焊性

高强钢的可焊性是指获得合格焊缝的难易程度。一般的，随着钢材强度的提高，其可焊性降低。如果焊接工艺不当，高强钢很容易出现热裂纹和冷裂纹。热裂纹是在焊接时产生的，冷裂纹是在焊缝冷却过程中产生的。焊前预热和控制施焊工艺可以减少裂纹形成。

高强钢的可焊性受碳含量和合金元素含量的影响。为了保证良好的可焊性，高强钢的碳含量被控制在 0.20%以下；有特殊需求的高强钢会更低。提高高强钢强度的合金元素大部分对可焊性也有不利影响。国际焊接学会提出用碳当量来衡量高强钢的可焊性。碳当量计算公式为

$$CEV(\%) = C + \frac{Mn}{6} + \frac{1}{5}(Cr + Mo + V) + \frac{1}{15}(Ni + Cu)$$

当 CEV 不超过 0.38%时，高强钢的可焊性很好，焊前不需要预热。当 CEV 大于 0.38%但未超过 0.45%时，钢材淬硬倾向逐渐明显，焊接难度为一般等级，需要采取适当的预热措施并注意控制施焊工艺。当 CEV 大于 0.45%时，钢材的淬硬倾向明显，需要采用较高的预热温度和严格的工艺措施来获得合格焊缝。

碳当量计算公式比较适合于碳含量大于 0.18%的高强钢，这些钢材主要通过添加 C 和 Mn 元素提高强度。对于新型的低碳微量多合金元素高强度钢来说，碳当量不能较好地反映其可焊性。因此，国际焊接学会又提出采用焊接裂纹敏感性指数来评估钢材的可焊性，其计算公式为

$$Pcm(\%) = C + \frac{Si}{30} + \frac{1}{20}(Mn + Cu + Cr) + \frac{Ni}{60} + \frac{Mo}{15} + \frac{V}{10} + 5B$$

CEV 和 Pcm 值越高，需要的预热温度越高，焊接成本越高。由于 CEV 值较低，欧洲 90mm 厚的 S460ML 钢板不需要预热。日本也已开发出厚度为 100mm 的低 Pcm 值高强度桥梁钢 SM570(名义屈服强度为 570MPa)，并根据 Pcm 值来选定预热温度[37]。当 Pcm≤0.29%时，预热温度为 100℃左右；当 Pcm≤0.27%时，预热温度可降至 20~40℃；当 Pcm≤0.22%时，预热温度低于 10℃。

我国《低合金高强度结构钢》GB/T 1591—2018 也采用碳当量来衡量高强钢的可焊性，并规定当热机械轧制(TMCP)或热机械轧制加回火状态交货钢材的碳当量不大于 0.12%时，可采用焊接裂纹敏感性指数代替碳当量评估钢材的可焊性。

《低合金高强度结构钢》GB/T 1591—2018 规定了热机械轧制或热机械轧制加回火状态交货高强钢的 CEV 和 Pcm 限值，见表 1-6。

表 1-6　热机械轧制或热机械轧制加回火状态交货高强钢的 CEV 和 Pcm 限值

牌号	CEV/%			Pcm/%
	厚度≤63mm	厚度>63~120mm	厚度>120~150mm	
Q420	≤0.46	≤0.47	≤0.47	≤0.20
Q460	≤0.47	≤0.48	≤0.48	≤0.20
Q500	≤0.47	≤0.48	≤0.48	≤0.25
Q550	≤0.47	≤0.48	≤0.48	≤0.25
Q620	≤0.48	≤0.49	≤0.49	≤0.25
Q690	≤0.49	≤0.49	≤0.49	≤0.25

1.3.5　高强钢的耐腐蚀性

钢材的耐腐蚀性能是影响钢材使用寿命的主要因素。耐候钢的出现很好地解决了这一问题。耐候钢多用于腐蚀性介质环境下工作的结构，如桥梁结构。

日本和美国的钢材生产商通过增加镍和铜合金元素生产出抗腐蚀的高性能钢。这些新钢材与传统的耐腐蚀钢材相比具有更高的耐腐蚀性能，因此结构不需要涂装或采取其他抗腐蚀措施就可以达到耐腐蚀要求。取消或部分取消油漆可以显著减少结构在服役期内的养护和维修费用，取得较好的经济效益。

传统桥梁钢抵御盐分的能力差，而且初期"流锈"有损景观，这就要求开发新的钢种，对铁锈做稳定化处理。为此，开发了具有耐盐分特性的高性能耐候钢。这种钢"流锈"很少，而且兼具良好的焊接性。其特点是添加了 Ni 和 Mo，使锈层致密化，能抑制 H_2O、O_2 和 Cl^- 的透过；Mo 的作用是从钢中溶解出来形成 MoO_4^{2-}，吸附于锈层，通过电化学反应抑制透过的效果，生成保护性锈层，因此提高了抗盐蚀的能力[37]。

1.3.6 高强钢的耐火性

许诗滕[36]对 8mm 和 10mm 厚 Q460GJ 钢板进行高温拉伸试验，温度分别为 20℃、100℃、200℃、300℃、400℃、500℃、600℃、700℃、800℃和 900℃。在每个温度下进行 3 次拉伸试验，取其平均值得到不同温度下的应力-应变关系曲线，并进一步得到屈服强度和抗拉强度。另外，采用共振法测得不同温度下的初始弹性模量。

高温试验的升温方式有两种：稳态试验和瞬态试验。稳态试验即恒温加载，指在试验过程中温度保持不变，荷载按给定速率增大；瞬态试验即恒载升温，指在试验过程中荷载保持不变，温度按给定速率升高。瞬态试验方法可以更真实地模拟结构遭受火灾高温作用，但稳态试验方法因简便易操作而更为常用。

图 1-27 是许诗滕[36]采用稳态试验法测得的 10mm 厚 Q460GJ 钢板在不同温度下的应力-应变曲线。由图 1-27 知，除了 200℃外，Q460GJ 钢在高温下的应力-应变曲线均无明显屈服平台。和常温时(20℃)相比，随着温度的升高，其弹性模量、屈服强度和抗拉强度均降低。当温度在 300℃以内，Q460GJ 钢的材性变化不大，但当温度超过 400℃，其屈服强度和抗拉强度显著下降。

由于高温下高强钢无明显的屈服平台，因此没有准确的屈服强度。它的屈服强度一般有两种取法：一种是和常温下高强钢屈服强度的取法一样，在应力-应变曲线中取永久变形为 0.2%所对应的应力；另一种是取应变为 0.5%、1.5%和 2.0%所对应的应力。为了和常温下的取法一致，本书采用第一种取法。

图 1-28～图 1-30 总结了已有高强钢试验资料，给出不同钢材弹性模量、屈服强度和抗拉强度随温度的变化情况。图中弹性模量折减系数为各温度下钢材的起始弹性模量与常温下的起始弹性模量之比，屈服强度折减系数为高温下屈服强度和常温下屈服强度之比，抗拉强度折减系数定义与此相同。

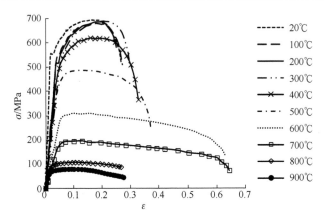

图 1-27　Q460GJ 钢不同温度下的应力-应变曲线

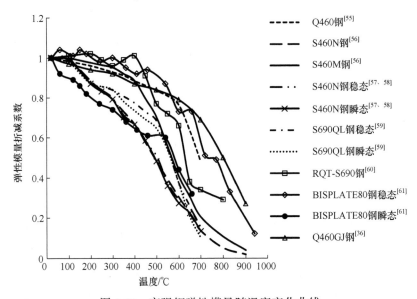

图 1-28　高强钢弹性模量随温度变化曲线

由上述试验结果可以看出，在高温作用下，高强钢弹性模量会随着温度升高而下降，且不同种类钢材弹性模量随温度的下降趋势不同。与普通钢材类似，高强钢的屈服强度、抗拉强度随温度的升高而降低，受火温度超过 400℃ 左右时，屈服强度和抗拉强度显著降低。个别钢材还会产生蓝脆现象，如 Q460[55] 和 Q460GJ[36]，它们分别在 200～450℃ 和 100～300℃ 屈服强度和抗拉强度均有不同程度的提高。

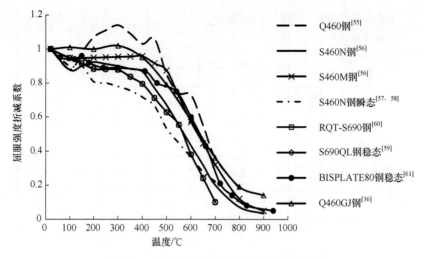

图 1-29　高强钢屈服强度随温度变化曲线

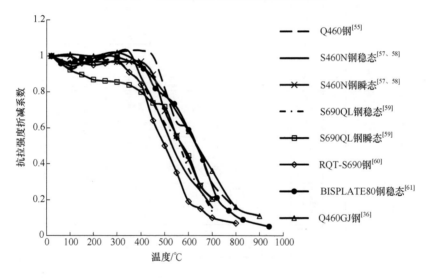

图 1-30　高强钢抗拉强度随温度变化曲线

1.3.7　高强钢的力学性能指标

表 1-7~表 1-9 分别是我国规范《低合金高强度结构钢》GB/T 1591—2018[26]、欧洲规范 EN 10025-6[29]、部分国家及地区的桥梁钢规范给出的高强钢力学性能指标。

表 1-7 我国常用高强钢力学性能指标

牌号	质量等级	屈服强度/MPa 不小于（钢板厚度/mm）						抗拉强度/MPa（钢板厚度/mm）					断后伸长率/% 不小于				温度/℃	冲击功 A_{kv}/J 不小于
		≤16	>16~40	>40~63	>63~80	>80~100	>100~150	≤40	>40~63	>63~80	>80~100	>100~150	≤40	>40~63	>63~100	>100~150		
Q420	B C D E	420	400	380	360	360	340	520~680	520~680	520~680	520~680	500~650	19	18	18	18	20 0 -20 -40	34
Q460	C D E	460	440	420	400	400	380	550~720	550~720	550~720	550~720	530~700	17	16	16	16	0 -20 -40	34
Q500	C D E	500	480	470	450	440	—	610~770	600~760	590~750	540~730	—	17	17	17	—	0 -20 -40	55 47 31
Q550	C D E	550	530	520	500	490	—	670~830	620~810	600~790	590~780	—	16	16	16	—	0 -20 -40	55 47 31
Q620	C D E	620	600	590	570	—	—	710~880	690~880	670~860	—	—	15	15	15	—	0 -20 -40	55 47 31
Q690	C D E	690	670	660	640	—	—	770~940	750~920	730~900	—	—	14	14	14	—	0 -20 -40	55 47 31

表 1-8 欧洲高强钢力学性能指标

牌号	质量等级	最小屈服强度/MPa			抗拉强度/MPa			最小伸长率/%	最小冲击功 A_{kV}/J 钢板厚度≤150mm			
		钢板厚度/mm			钢板厚度/mm				温度/℃			
		3~50	50~100	100~150	3~50	50~100	100~150		0	−20	−40	−60
S460	Q QL QL1	460	440	400	550~720		500~670	17	30 35 40	27 30 35	— 27 30	27
S500	Q QL QL1	500	480	440	590~770		540~720	17	30 35 40	27 30 35	— 27 30	27
S550	Q QL QL1	550	530	490	640~820		590~770	16	30 35 40	27 30 35	— 27 30	27
S620	Q QL QL1	620	580	560	700~890		650~830	15	30 35 40	27 30 35	— 27 30	27
S690	Q QL QL1	690	650	630	770~940	760~930	710~940	14	30 35 40	27 30 35	— 27 30	27
S890	Q QL QL1	890	830	—	940~1100	880~1100	—	11	30 35 40	27 30 35	— 27 30	27
S960	Q QL QL1	960	—	—	980~1150	—	—	10	30 35 40	27 30 35	— 27 30	27

表 1-9 部分国家及地区高强度桥梁钢力学性能指标

国家或地区	牌号	生产工艺	板厚/mm	屈服强度/MPa	抗拉强度/MPa	最小伸长率/%	冲击韧性	
							温度/℃	冲击功/J
美国	HPS486W	Q&T TMCP	≤100 ≤50	485	586~760	19	−23	48(L)
	HPS690W	Q&T	6~64	690	760~895	18	−34	48(L)
日本	BHS500	TMCP	6~100	500	>570	19	−5	100(T)
	BHS700	TMCP	6~100	700	>780	16	−40	100(L)

续表

国家或地区	牌号	生产工艺	板厚/mm	屈服强度/MPa	抗拉强度/MPa	最小伸长率/%	冲击韧性	
							温度/℃	冲击功/J
欧洲	S460M	TMCP	≤16 17～40 41～63 64～80 81～100 101～120	460 440 430 410 400 385	540～720 540～720 530～710 510～690 500～680 490～660	17	−20	40(L)
	S690M	Q&T	3～50 51～100 101～150	690 650 630	770～940 760～930 710～900	17	−40	30(L)
中国	Q420q	TMCP	12～60	>420	>570	18	−40	60(L)

注：Q&T 表示淬火和回火；TMCP 表示热机械轧制；L 和 T 分别表示纵向和横向试样。

由表 1-7～表 1-9 可知，我国和欧洲规范对屈服强度和抗拉强度的取值划分比较详细，随着钢板厚度的不同，屈服强度和抗拉强度取值不同。美国和日本规范则不同，高强钢的屈服强度和抗拉强度不随板厚发生变化。我国规范中伸长率也随厚度发生变化，其他国家或地区规范中则不变。各规范对冲击韧性的要求相差较大，对 QL1 级钢，欧洲规范除了要保证 0℃、−20℃、−40℃时的冲击韧性值外，还要保证−60℃时的冲击韧性值。各规范对桥梁用钢的限制更严格，特别是对最小伸长率和冲击韧性的要求。

参 考 文 献

[1] POCOCK G. High strength steel use in Australia, Japan and the US[J]. The Structural Engineer, 2006, 84(21): 27-30.

[2] 施刚, 石永久, 王元清. 超高强度钢材钢结构的工程应用[J]. 建筑钢结构进展, 2008, 10(4): 32-38.

[3] 施刚, 班慧勇, 石永久, 等. 高强度钢材钢结构的工程应用及研究进展[J]. 工业建筑, 2012, 42(1): 1-7.

[4] 邱林波, 刘毅, 侯兆新, 等. 高强结构钢在建筑中的应用研究现状[J]. 工业建筑, 2014, 44(3): 1-5, 47.

[5] 李国强, 王彦博, 陈素文, 等. 高强度结构钢研究现状及其在抗震设防区应用问题[J]. 建筑结构学报, 2013, 34(1): 1-13.

[6] 赵克祥. 高强钢焊接工字形截面压弯构件局部-整体弯扭相关屈曲研究[D]. 西安: 西安建筑科技大学, 2014.

[7] 石永久. 高强度和高性能钢材在建筑结构中的应用和发展[C].第三届结构工程新进展国际论坛文集. 北京: 中国建筑工业出版社, 2009.

[8] 罗永峰, 任楚超, 强旭红, 等. 高强钢结构抗火研究进展[J]. 天津大学学报(自然科学与工程技术版), 2016, 49(增): 104-121.

[9] BJORHOVDE R. Performance and design issues for high strength steel in structures[J]. Advances in Structural Engineering, 2010, 13(3): 403-411.

[10] 罗永峰, 王熹宇, 强旭红, 等. 高强钢在工程结构中的应用进展[J]. 天津大学学报(自然科学与工程技术版), 2015, 48(增): 134-141.

[11] 申红侠, 任豪杰. 高强钢构件稳定性研究最新进展[J]. 建筑钢结构进展, 2017, 19(4): 53-62, 92.

[12] 施刚, 班慧勇, 石永久, 等. 高强度钢材钢结构研究进展综述[J]. 工程力学, 2013, 30(1):1-13.

[13] 曹晓春, 甘国军, 李翠光. Q460E 钢在国家重点工程中的应用[J]. 焊接技术, 2007, (增): 12-15.

[14] 陈振明, 张耀林, 彭明祥, 等. 国产高强钢及厚板在央视新台址主楼建筑中的应用[J]. 钢结构, 2009, 24(2): 34-38.

[15] 范重, 刘先明, 范学伟, 等. 国家体育场大跨度钢结构设计与研究[J]. 建筑结构学报, 2007, 28(2):1-16.

[16] 田黎敏, 郝际平, 戴立先, 等. 深圳湾体育中心结构施工过程模拟分析[J]. 建筑结构, 2011, 41(12): 118-121.

[17] 周思红, 朱忠义, 齐五辉, 等. 凤凰国际传媒中心结构设计[J]. 建筑结构, 2011, 41(9): 56-62.

[18] 赵宏康, 邵建中, 谢超. 扬州体育公园体育场罩篷钢结构设计[J]. 建筑结构, 2013, 43(20): 17-25.

[19] 张晓燕, 郭彦林, 黄李骥, 等. 深圳会展中心钢结构屋盖起拱方案及施工技术[J]. 工业建筑, 2004, 34 (12):15-18, 31.

[20] 祁海珅. 深圳会展中心高强度钢拉杆施工技术[J]. 钢结构, 2005, 20(2): 63-65, 36.

[21] 逄靖华, 吴宏磊, 邱林波. 高强度钢材在郑州绿地中央广场中的应用分析[J]. 工业建筑, 2014, 44(3): 43-47.

[22] 贾良玖, 董洋. 高性能钢在结构工程中的研究和应用进展[J]. 工业建筑, 2016, 46(7): 1-9.

[23] 姚昌荣, 李亚东, 强士中. 美国桥梁高性能钢的发展与应用[J]. 世界桥梁, 2005, (1): 57-61.

[24] American Society of Civil Engineers. Design of Latticed Steel Transmission Structures: ASCE 10-1997[S]. Chicago: American Society of Civil Engineers, 1997.

[25] 黎兴文. 电力工程 Q460 低合金高强度钢焊接性研究[D]. 广州: 华南理工大学, 2013.

[26] 国家质量监督检验检疫总局, 国家标准化管理委员会. 低合金高强度结构钢: GB/T 1591—2018[S]. 北京: 中国标准出版社, 2018.

[27] 国家质量监督检验检疫总局, 国家标准化管理委员会. 建筑结构用钢板: GB/T 19879—2015[S]. 北京: 中国标准出版社, 2015.

[28] 国家质量监督检验检疫总局, 国家标准化管理委员会. 耐候结构钢: GB/T 4171—2008[S]. 北京: 中国标准出版社, 2008.

[29] European Committee for Standardization. Hot Rolled Products of Structural Steels-Part 6: Technical Delivery Conditions for Flat Products of High Yield Strength Structural Steels in the

Quenched and Tempered Condition：EN 10025-6:2004[S]. Brussels: European Committee for Standardization, 2004.

[30] American Institute of Steel Construction. Specification for Structural Steel Buildings：ANSI/AISC 360-16[S]. Chicago: American Institute of Steel Construction, 2016.

[31] 施刚, 刘钊, 班慧勇, 等. 高强度等边角钢轴心受压局部稳定的试验研究[J]. 工程力学, 2011, 28(7): 45-52.

[32] USAMI T, FUKUMOTO Y. Welded box compression members[J]. Journal of Structural Engineering, 1984, 110(10):2457-2470.

[33] 李国强, 闫晓雷, 陈素文. Q460 高强度钢材焊接 H 形截面弱轴压弯柱承载力试验研究[J]. 建筑结构学报, 2012, 33(12): 31-37.

[34] 班慧勇, 施刚, 石永久, 等. 国产 Q460 高强钢焊接工形柱整体稳定性能研究[J]. 土木工程学报, 2013, 46(2): 1-9.

[35] 段涛. Q460GJ 钢中厚板及厚板焊接箱形截面残余应力研究[D]. 重庆: 重庆大学, 2016.

[36] 许诗朦. Q460GJ 钢 H 型截面梁抗火性能分析[D]. 重庆: 重庆大学, 2016.

[37] 田越. 500MPa 级高性能钢(Q500qE)在铁路钢桥中的应用研究[D]. 北京: 中国铁道科学研究院, 2010.

[38] 施刚, 朱希. 高强度结构钢材单调荷载作用下的本构模型研究[J]. 工程力学, 2017, 34(2): 50-59.

[39] 邱林波, 薛素铎, 侯兆新, 等. Q550GJ 高强钢焊接 H 型截面残余应力试验研究[J]. 北京工业大学学报, 2015, 41(7): 1035-1042.

[40] KIM D K, LEE C H, HAN K H, et al. Strength and residual stress evaluation of stub columns fabricated from 800MPa high-strength steel[J]. Journal of Constructional Steel Research, 2014, 102: 111-120.

[41] RASMUSSEN K J R, HANCOCK G J. Tests of high strength steel columns[J]. Journal of Constructional Steel Research, 1995, 34 (1): 27-52.

[42] USAMI T, FUKUMOTO Y. Local and overall buckling of welded box columns[J]. Journal of the Structural Division, 1982, 108(ST3): 525-542.

[43] GAO L, SUN H C, JIN F N, et al. Load-carrying capacity of high-strength steel box-sections I: stub columns[J]. Journal of Constructional Steel Research, 2009, 65(4): 918-924.

[44] 魏言磊, 郭咏华, 孙清, 等. Q690 高强钢管轴心受压局部稳定性研究[J]. 土木工程学报, 2013, 46(5): 1-12.

[45] LI T J, LI G Q, WANG Y B. Residual stress tests of welded Q690 high-strength steel box- and H- sections[J]. Journal of Constructional Steel Research, 2015, 115: 283-289.

[46] 陆建锋, 徐明, 王飞, 等. Q690GJ 高强度钢材单调和循环加载试验研究[J]. 钢结构, 2016, 31(2): 1-5.

[47] SHI G, BAN H Y, BIJLAARD FRANS S K. Tests and numerical study of ultra-high strength steel columns with end restraints[J]. Journal of Constructional Steel Research, 2012, 70: 236-247.

[48] 班慧勇, 施刚, 石永久, 等. 建筑结构用高强度钢材力学性能研究进展[J]. 建筑结构, 2013, 43(2): 88-94, 67.

[49] SIVAKUMARAN S K. Relevance of Y/T ratio in the design of steel structures[C]. Proceedings of International Symposium on Applications of High Strength Steels in Modern Constructions and Bridges-Relationship of Design Specifications, Safety and Y/T Ratio,Beijing, 2008.

[50] LANGENBERG P. Relation between design safety and Y/T ratio in application of welded high strength structural steels[C]. Proceedings of International Symposium on Applications of High Strength Steels in Modern Constructions and Bridges-Relationship of Design Specifications, Safety and Y/T Ratio, Beijing, 2008.

[51] 班慧勇. 高强度钢材轴心受压构件整体稳定性能与设计方法研究[D]. 北京: 清华大学, 2012.

[52] 国家质量监督检验检疫总局, 国家标准化管理委员会. 金属材料 弯曲试验方法: GB/T 232 —2010[S]. 北京: 中国标准出版社, 2010.

[53] 国家质量监督检验检疫总局, 国家标准化管理委员会. 金属材料 夏比摆锤冲击试验方法: GB/T 229—2007[S]. 北京: 中国标准出版社, 2007.

[54] 林云. 高强钢材 Q460C 及其焊缝力学与韧性性能试验研究[D]. 沈阳: 沈阳建筑大学, 2011.

[55] 王卫永, 刘兵, 李国强. 高强度 Q460 钢材高温力学性能试验研究[J]. 防灾减灾工程学报, 2012, 35(增): 30-35.

[56] SCHNEIDER R, LANGE J. Constitutive equations and empirical creep law of structural steel S460 at high temperatures[J]. Journal of Structural Fire Engineering, 2011, 2(3): 217-230.

[57] QIANG X, BIJLAARD F S K, KOLSTEIN H. Deterioration of mechanical properties of high strength structural steel S460N under transient state fire condition[J]. Materials & Design, 2012, 40: 521-527.

[58] QIANG X, BIJLAARD F S K, KOLSTEIN H. Elevated temperature mechanical properties of high strength structural steel S460N : Experimental study and recommendations for fire-resistance design[J]. Fire Safety Journal, 2013, 55: 15-21.

[59] QIANG X, BIJLAARD F S K, KOLSTEIN H. Dependence of mechanical properties of high strength steel S690 on elevated temperatures[J]. Construction and Building Materials, 2012, 30: 73-79.

[60] CHIEW S P, ZHAO M S, LEE C K. Mechanical properties of heat-treated high strength steel under fire/post-fire conditions[J]. Journal of Constructional Steel Research, 2014, 98: 12-19.

[61] CHEN J, YOUNG B, UY B. Behavior of high strength structural steel at elevated temperatures[J]. Journal of Structural Engineering, 2006, 132(12): 1948-1954.

第2章 高强钢构件截面残余应力

残余应力是影响高强钢构件稳定承载力的一个重要因素。残余应力使构件提前进入弹塑性状态，降低构件的刚度，必将降低其稳定承载力。

高强钢截面残余应力的测量主要集中于焊接工字形和箱形截面，也有轧制截面和焊接钢管截面，但试验数据非常有限。对高强钢焊接工字形和箱形截面，不同的文献资料根据各自的测量结果提出了不同的残余应力分布模型，但已有的残余应力分布模型存在如下问题：一是受多种因素的影响，残余应力的测试结果离散性往往很大，而每个试验的试件数量却非常有限，由此得到的残余应力分布模型不具备代表性；二是大部分的残余应力分布模型给出的峰值是基于高强钢的实测屈服强度提出的，而实测屈服强度是随材质的变化而变化的，应用模型时钢材的实测屈服强度必须已知，应用不便。因此，本章基于已有的试验结果，对高强钢焊接工字形和焊接箱形截面的残余应力分布形状、残余拉压应力的峰值重新进行分析，提出基于钢材名义屈服强度的残余应力分布模型。

2.1 高强钢构件常用截面及其特性和应用

2.1.1 常用截面

高强钢构件常用截面有两种：热轧型钢截面和焊接截面(图 2-1)。热轧型钢截面有圆管、矩形管、角钢、工字钢和 H 型钢。焊接截面有焊接箱形、工字形

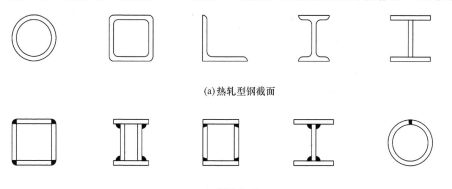

(a) 热轧型钢截面

(b) 焊接截面

图 2-1 高强钢构件常用截面

和圆管。焊接箱形截面有三种，如图 2-1(b)，前两种采用角焊缝连接，第三种采用对接焊缝。

2.1.2 常用截面的特性和应用

热轧圆管截面形心和剪心重合、截面惯性矩对各轴相同，具有抗扭性能好、稳定承载力高、表面积小、防锈蚀性能好、加工便利、视觉效果好等优点，可用于网架、网壳、管桁架等结构。

热轧矩形管截面材料分布远离中性轴的位置，并且是剪心和形心重合的闭合式截面，具有抗弯和抗扭刚度大、防腐性能好的特点，常用作管桁架及轻型承重支柱。

单角钢截面适用于塔架(输电铁塔、电视塔、发射塔等)、桅杆结构及轻型桁架。双角钢便于组成接近于等稳定的压杆截面，常用于由节点板连接杆件的平面桁架以及网架。

热轧工字型截面高而窄，具有制作省工、成本低廉，且绕一个主轴的回转半径远大于绕另外一个主轴，在一个主平面内用作弯曲的梁比较经济。

热轧 H 型钢截面的宽度较热轧工字型截面大，用于轴心受压杆件更易实现双轴等稳，故可用作独立支柱。另外，由于加工方便和成本较低，在工程中应优先选用，广泛用作层数和跨度不大的多层框架结构梁和框架柱。

焊接工字形、箱形截面加工制作简单，可以利用自动焊加工成所需要的截面尺寸，以满足实际工程的需求和达到节约钢材的目的，可广泛应用于框架结构中的主要受力构件梁和柱、支撑杆件、吊车梁、桥梁结构、工作平台梁及平台支柱等。

焊接圆管截面同样具有承载力高、腐蚀面小、抗扭性能好、风载系数小等优点，可用于海洋平台结构和输电铁塔。

2.2 热轧型钢的残余应力

热轧型钢的残余应力产生于轧制后的不均匀冷却。由于各级高强度钢材的弹性模量与 Q235 钢基本相同，因此无论是残余拉应力还是残余压应力都与钢材强度等级无关，且峰值都低于 235MPa。

2.2.1 热轧 H 型钢的残余应力

图 2-2(a)是我国钢结构设计规范 GB 50017—2003 给出的 Q235 钢热轧 H 型钢截面的残余应力分布图。图中翼缘的残余拉、压应力峰值相等，均为 $0.3 f_y$，

即 $\sigma_{rt} = -\sigma_{rc} = 0.3f_y$。腹板的残余拉、压应力也与翼缘相同，不过压应力出现在中部而不是边缘处。根据上述分析，热轧 H 型钢残余应力分布模型和峰值与钢材的强度等级无关。因此，陈绍蕃等[1]在模拟 Q420 和 Q460 钢压杆承载力时仍然取该分布模型，并且其峰值取 $0.3 \times 235\text{MPa} = 70.5\text{MPa}$。

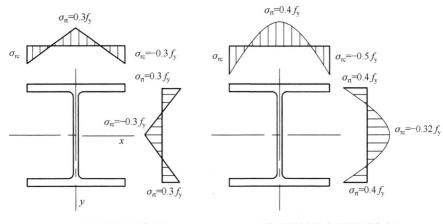

(a) GB 50017—2003给定的残余应力　　　　(b) 欧洲钢结构协会采用的残余应力

图 2-2　热轧 H 型钢的残余应力分布

与其他资料相比，我国规范 GB 50017—2003 给定的残余应力分布较低。图 2-2(b)为欧洲钢结构协会采用的残余应力分布，翼缘残余拉、压应力的峰值分别为 $0.4f_y$ 和 $0.5f_y$；腹板残余拉、压应力的峰值分别为 $0.4f_y$ 和 $0.32f_y$。

2.2.2　热轧等边角钢的残余应力

班慧勇等[2]采用分割法测量了 Q420 等边角钢的残余应力，试验中选了 5 种不同尺寸的截面，每一种截面 3 个试件，共计 15 个。但该组试验数据离散性较大，这可能是角钢堆放造成的。图 2-3 带标记的线为其中离散性较小的两组试验结果。

由于测量数据离散性较大，班慧勇等[2]提出了 4 种残余应力分布模型，其中，2 种是二次曲线模型，1 种是三角函数模型，1 种是折线模型。其中的折线模型类似图 2-3 不带标记的折线，残余拉应力峰值平均值 $\sigma_{rt} = 0.068f_y$，残余压应力峰值平均值 $\sigma_{rc} = -0.031f_y$，测量值均较小。

图 2-3 中不带标记的折线是本书提出的模型，角钢两个肢的残余拉、压应力相等，并且均为 $0.15f_y$，即 $\sigma_{rt} = -\sigma_{rc} = 0.15f_y$，$f_y$ 为实测屈服强度。由于角钢肢背处操作空间狭小，手持应变仪无法达到，只测量了外表面的值，其余部位为内、外表面的平均值[2]，因此该模型不考虑肢背处。该残余应力分布模型

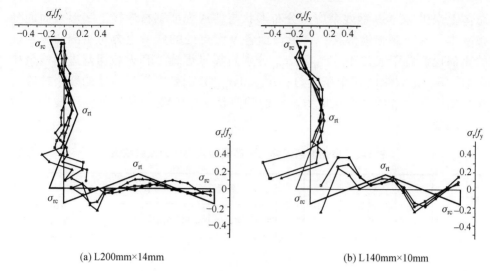

(a) L200mm×14mm　　　　　　　　　(b) L140mm×10mm

图 2-3　热轧等边角钢的残余应力分布

虽与试验数据有出入，但在一定程度上可以反映实际情况。取 Q420 钢实测屈服强度 $f_y = 448\text{MPa}$，$\sigma_{rt} = -\sigma_{rc} = 0.15 \times 448\text{MPa} = 67.2\text{MPa}$，该值非常接近于 Q235 角钢的残余拉、压应力峰值 $\sigma_{rt} = -\sigma_{rc} = 0.3 \times 235\text{MPa} = 70.5\text{MPa}$。因此，如前所述，在无法确切测得残余应力的条件下，高强度角钢仍然可采用 Q235 角钢的残余应力分布模型。

2.3　焊接工字形的残余应力

2.3.1　实测残余应力

班慧勇等[3]采用分割法测量了 8 个 Q460 钢焊接工字形截面的残余应力，翼缘为火焰切割边。试件的几何尺寸列于表 2-1，其中，b 和 h 分别表示截面的宽度和高度；t_f 和 t_w 分别表示翼缘和腹板的厚度。同时，翼缘外伸宽度和厚度之比 b_f/t_f、腹板的高厚比 h_w/t_w 也列于表 2-1。板件厚度分别为 10mm、12mm 和 14mm。翼缘宽厚比为 6～14，变化范围较大；腹板高厚比为 9～33.6。图 2-4(a) 是实测残余应力分布的典型形状，8 个试件中有 3 个(I1、I2 和 I8)是这种分布，2 个(I3 和 I4)类似于此分布，只不过在翼缘中压应力基本保持不变。另外 3 个试件 I5～I7 则不同，由于翼缘焰切边附近分割后板条发生弯曲变形，内外侧出现符号相反的残余应力，且越靠近火焰切割边，数值相差越大，其平均值却很低；翼缘中间位置的残余拉应力也小于两侧附近的拉应力，如图 2-4(c)。这 3 个试件翼缘厚度均为 12mm，板件厚度不大，出现这种分布实为不正常。

总体上来讲，Q460 钢残余应力分布形状与普通强度钢材焊接工字形截面的分布基本一致。高强钢焊接工字形截面各关键点处的残余应力与实测屈服强度的比值也汇总于表 2-1，σ_{rtf} 和 σ_{rtfl} 分别是翼缘焊缝处和火焰切割边的残余拉应力，σ_{rcf} 是翼缘的残余压应力；σ_{rtw} 和 σ_{rcw} 分别是腹板焊缝处的残余拉应力和远离焊缝位置的残余压应力。它们的值是文献[3]对应位置处实测残余应力的平均值。

表 2-1　高强度钢焊接工字形截面残余应力试验结果

试件	b/mm	h/mm	t_f/mm	t_w/mm	b_f/t_f	h_w/t_w	翼缘			腹板		备注
							σ_{rtf}/f_y	σ_{rtfl}/f_y	σ_{rcf}/f_y	σ_{rtw}/f_y	σ_{rcw}/f_y	
I1	130	110	10	10	6	9	0.52 (0.60)	0.00 (0.00)	−0.52 (−0.60)	0.56 (0.65)	−0.44 (−0.51)	
I2	150	150	10	10	7	13	0.60 (0.69)	−0.09 (−0.11)	−0.39 (−0.45)	0.56 (0.64)	−0.39 (−0.45)	
I3	210	210	14	14	7	13	0.52 (0.55)	0.29 (0.31)	−0.19 (−0.20)	0.60 (0.64)	−0.25 (−0.27)	(1) 数据来源于文献[3]； (2) Q460 钢； (3) 实测屈服强度： 10mm 厚为 531.9MPa， 12mm 厚为 492.9MPa， 14mm 厚为 492.3MPa
I4	290	150	10	10	14	13	0.63 (0.73)	0.25 (0.29)	−0.31 (−0.36)	0.43 (0.50)	−0.40 (−0.46)	
I5	348	276	12	12	14	21	0.31 (0.33)	−0.02 (−0.03)	−0.10 (−0.11)	0.43 (0.46)	−0.13 (−0.14)	
I6	220	300	12	10	8.75	27.6	0.28 (0.30)	−0.01 (−0.01)	−0.16 (−0.17)	0.35 (0.40)	−0.14 (−0.16)	
I7	280	360	12	10	11.25	33.6	0.39 (0.41)	0.14 (0.15)	−0.16 (−0.17)	0.31 (0.36)	−0.17 (−0.20)	
I8	150	150	10	10	7	13	0.57 (0.65)	0.01 (0.01)	−0.36 (−0.41)	0.53 (0.62)	−0.27 (−0.31)	
I9	156.0	168.0	21.4	11.5	3.4	10.9	1.04 (1.05)	0.08 (0.08)	−0.41 (−0.41)	1.04 (1.14)	−0.15 (−0.16)	(1) 数据来源于文献[4]，该组试件翼缘宽厚比较小； (2) Q460 钢； (3) 实测屈服强度： 11mm 厚为 505.8MPa， 21mm 厚为 464.0MPa
I10	225.3	243.8	21.2	11.3	5.0	17.8	0.90 (0.91)	0.24 (0.24)	−0.27 (−0.27)	0.90 (0.99)	−0.24 (−0.26)	
I11	314.0	319.5	21.2	11.6	7.1	23.8	0.73 (0.74)	0.49 (0.49)	−0.20 (−0.20)	0.73 (0.80)	−0.13 (−0.14)	

续表

试件	b/mm	h/mm	t_f/mm	t_w/mm	b_f/t_f	h_w/t_w	翼缘			腹板		备注
							σ_{rtf}/f_y	σ_{rtf1}/f_y	σ_{rcf}/f_y	σ_{rtw}/f_y	σ_{rcw}/f_y	
I12	180	270	10	8	8.6	31.25	0.48 (0.52)	−0.07 (−0.08)	−0.22 (−0.24)	0.67 (0.78)	−0.19 (−0.22)	(1) 数据来源于文献[5]; (2) Q460GJ 钢; (3) 实测屈服强度: 8mm 厚为 538.7MPa, 10mm 厚为 499.0MPa, 16mm 厚为 519.3MPa; (4) I15~I17 为单轴对称截面, 仅变翼缘厚度, 括号内的数值为另一个翼缘的厚度和对应的宽厚比; (5) 该组试件腹板高厚比较大
I13	180	360	10	8	8.6	42.5	0.49 (0.53)	−0.06 (−0.07)	−0.23 (−0.25)	0.69 (0.81)	−0.19 (−0.22)	
I14	180	450	10	8	8.6	53.75	0.49 (0.53)	−0.04 (−0.04)	−0.20 (−0.22)	0.70 (0.82)	−0.14 (−0.16)	
I15	180	270	16(8)	8	5.38 (10.75)	30.75	0.43 (0.49)	−0.11 (−0.13)	−0.29 (−0.33)	0.81 (0.95)	−0.13 (−0.15)	
I16	180	360	16(8)	8	5.38 (10.75)	42	0.61 (0.70)	−0.10 (−0.12)	−0.35 (−0.40)	0.80 (0.94)	−0.15 (−0.18)	
I17	180	450	16(8)	8	5.38 (10.75)	53.25	0.47 (0.54)	−0.10 (−0.12)	−0.18 (−0.21)	0.68 (0.80)	−0.17 (−0.20)	
I18	200	420	10	10	9.50	40	0.48 (0.52)	−0.07 (−0.08)	−0.20 (−0.22)	0.75 (0.81)	−0.15 (−0.16)	
I19	200	432	16	10	7.50	40	0.31 (0.35)	−0.11 (−0.12)	−0.16 (−0.18)	0.60 (0.65)	−0.03 (−0.03)	
I20	100.21	100.10	12.78	12.64	3.4	5.9	0.63 (0.71)	0.03 (0.03)	−0.39 (−0.44)	0.35 (0.40)	−0.28 (−0.32)	(1) 数据来源于文献[6]; (2) Q550GJ 钢; (3) 实测屈服强度: 12mm 厚为 623.7MPa
I21	99.96	151.24	12.86	12.66	3.4	9.9	0.61 (0.69)	0.05 (0.06)	−0.41 (−0.46)	0.37 (0.42)	−0.18 (−0.20)	
I22	151.17	151.22	12.42	12.75	5.6	9.9	0.59 (0.67)	0.17 (0.19)	−0.35 (−0.40)	0.44 (0.50)	−0.21 (−0.24)	
I23	100.48	200.51	12.78	12.62	3.4	13.9	0.58 (0.66)	0.03 (0.03)	−0.37 (−0.42)	0.57 (0.65)	−0.13 (−0.15)	
I24	151.26	200.57	12.60	12.56	5.5	14.0	0.55 (0.62)	0.19 (0.21)	−0.33 (−0.37)	0.50 (0.57)	−0.12 (−0.14)	
I25	250.11	250.07	12.17	12.77	9.8	17.7	0.57 (0.65)	0.12 (0.14)	−0.16 (−0.18)	0.52 (0.59)	−0.11 (−0.12)	
I26	151.12	300.91	12.18	12.64	5.7	21.9	0.56 (0.64)	0.32 (0.36)	−0.34 (−0.39)	0.43 (0.49)	−0.06 (−0.07)	

续表

试件	b/mm	h/mm	t_f/mm	t_w/mm	b_f/t_f	h_w/t_w	翼缘			腹板		备注
							σ_{rtf}/f_y	σ_{rtf1}/f_y	σ_{rcf}/f_y	σ_{rtw}/f_y	σ_{rcw}/f_y	
I27	209.09	206.30	16.22	16.22	5.9	10.7	0.43 (0.48)	0.06 (0.07)	−0.14 (−0.16)	0.43 (0.48)	−0.03 (−0.03)	(1) 数据来源于文献[7]；(2) Q690 钢；(3) 实测屈服强度：16mm 厚为 772MPa
I28	240.25	239.63	16.11	16.11	7.0	12.9	0.31 (0.35)	0.10 (0.11)	−0.08 (−0.09)	0.31 (0.35)	−0.06 (−0.07)	
I29	261.60	258.40	16.27	16.27	7.5	13.9	0.29 (0.32)	0.07 (0.08)	−0.10 (−0.11)	0.29 (0.32)	−0.01 (−0.01)	
I30	96	120	6	6	7.5	20.0	—	—	−0.21 (−0.22)	—	−0.14 (−0.15)	(1) 数据来源于文献[8]；(2) BISALLOY 80 钢；(3) 实测屈服强度：6mm 厚为 725MPa
I31	116	150	6	6	9.2	25.0	—	—	−0.17 (−0.18)	—	−0.11 (−0.12)	
I32	136	180	6	6	10.8	30.0	—	—	−0.20 (−0.21)	—	−0.10 (−0.11)	
I33	270	220	12	10	10.75	22.0	—	—	−0.09 (−0.10)	—	—	(1) 数据来源于文献[9]；(2) 实测屈服强度：12mm 厚翼缘，I33 为 797MPa，I34 为 873MPa
I34	220	220	12	10	8.67	22.0	—	—	−0.14 (−0.17)	—	—	

注：表中残余应力值，不加括号者为残余应力峰值与实测屈服强度的比值；加括号者为残余应力峰值与名义屈服强度的比值。

WANG 等[4]采用分割法和钻孔法测量了 3 个 Q460 钢焊接工字形截面的残余应力，翼缘为火焰切割边，翼缘厚 21mm，腹板厚 11mm。这组试件翼缘宽厚比较小，在 3.4～7.1 变化，腹板高厚比在 10.9～23.8，截面较厚实。3 个试件 I9～I11 均采用分割法测量；仅试件 I9 用钻孔法，以校核分割法测量结果。图 2-4(b)是试件 I10 的残余应力分布图。由于翼缘厚度较大，内、外侧残余应力相差较大；腹板厚度较小，左、右两侧相差不是太大。翼缘中有一段基本保持不变的残余压应力，火焰切割边存在明显的残余拉应力。但在焊缝部位，由于手持应变仪无法到达，只测得翼缘外侧的残余应力，未测得翼缘内侧和腹板左、右两侧的残余应力。残余应力的峰值列于表 2-1，该组试件焊缝处的残余拉应力按平衡条件求得。比较有趣的是试件 I11 翼缘和腹板的残余压应力数值与 1 个普通钢(A36)焊接工字形截面试件的残余压应力数值基本相同,但仅比较1 个试件是很难下定论的。

YANG 等[5]采用分割法测量了 4 个 Q460GJ 钢火焰切割板的残余应力和 8个 Q460GJ 钢翼缘为火焰切割边焊接工字形截面的残余应力。8 个焊接截面试件(表 2-1 中 I12～I19)中 5 个为双轴对称截面，3 个为单轴对称截面。板厚分别为 8mm、10mm 和 16mm。翼缘宽厚比变化：双轴对称截面为 5.38～9.50；单轴对称截面为 5.38～10.75。腹板高厚比为 30.75～53.75，变化范围较大。这

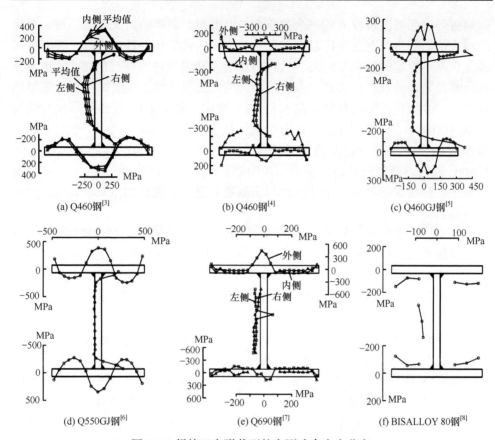

图 2-4　焊接工字形截面的实测残余应力分布

组试件在分割以后大部分板条发生不同程度的弯曲变形，实测残余应力用两种方法得到：一种是基于变形以后的板条，测得内、外表面的残余应力，取其平均值作为最后的残余应力；另一种是将弯曲变形的板条矫直后，测得板条中间层的长度，进而算得残余应力。两种方法得到的残余应力基本相同。结果表明，4 个火焰切割板的板边有残余拉应力，其变化范围为 217～398MPa，板中部有残余压应力；焊接工字形截面的残余应力分布[图 2-4(c)]与普通钢略有不同，一个是翼缘火焰切割边为残余压应力，而非残余拉应力；另一个是翼缘最大拉应力出现在焊缝附近，而不是焊缝本身。翼缘和腹板关键点的残余应力见表2-1，以下类同。

　　邱林波等[6]采用分割法测量了7 个 Q550GJ 钢焊接工字形截面(I20～I26)的残余应力，翼缘为火焰切割边。图 2-4(d)是试件 I26 的实测残余应力分布图，其余试件残余应力分布形状与它类似，只是关键点峰值不同。Q550GJ 钢焊接工字形截面残余应力分布特点与普通强度钢材相同截面类似。翼缘中部、腹板两端近焊缝区域出现较大的残余拉应力，但远小于钢材的名义屈服强度；翼缘两端火焰切割边也存在数值较小的残余拉应力；翼缘外伸部分中部、腹板中部都呈现基本恒定的残余压应力，且残余压应力随着板件宽厚比的增大而减小；其余部位是从残余拉应力到残余压应力转变的过渡区域。这组试件翼缘宽厚比在 3.4～9.8 变化，腹板高厚比在 5.9～21.9 变化，见表 2-1。板件宽厚比变化与文献[4]相差不多，只是试件 I25 翼缘宽厚比 9.8 比其他试件稍大。试件 I25 翼缘部分的残余压应力比其他试件更均匀。另外，试件翼缘和腹板厚度均为12mm，翼缘焊缝处的残余拉应力与实测屈服强度的比值为 0.55～0.63，变化范围极小，腹板焊缝处的残余拉应力与实测屈服强度的比值为 0.35～0.57，变化范围稍大。

LI 等[7]采用分割法测量了 3 个 Q690 钢焊接工字形截面(I27～I29)的残余应力，翼缘为火焰切割边。板件厚度 16mm，翼缘宽厚比 5.9～7.5，腹板高厚比10.7～13.9。3 个试件残余应力分布图形状相似，图 2-4(e)是试件 I28 实测残余应力分布图，也与普通钢焊接工字形截面残余应力图形类似。同样，LI 等[7]仅测得焊缝附近翼缘外侧的残余应力。

RASMUSSEN 等[8]采用分割法测量了 3 个 BISALLOY 80 钢焊接工字形截面(I30～I32)的残余应力，翼缘为剪切边。BISALLOY 80 钢的名义屈服强度为690MPa，实测屈服强度 725MPa。焊条的名义屈服强度为 375MPa，远低于母材。板厚度 6mm，翼缘宽厚比为 7.5～10.8，腹板高厚比为 20.0～30.0。这组试件测点较少，每个试件翼缘有 6 个测点，腹板有 3 个测点。这些测点布置在受压区，仅测得翼缘和腹板的残余压应力，未测得焊缝附近的拉应力。但从测量结果来看[图 2-4(f)]，翼缘两端附近区域存在残余压应力，且越靠近两端压应力越大，腹板中部区域存在较均匀的残余压应力。各试件翼缘和腹板残余压应力的平均值列于表 2-1 中，随着板件宽厚比的增大，残余压应力值减小。

BEG 等[9]测量了 2 个 NIONICRAL 70 钢焊接工字形截面(I33～I34)的残余应力，翼缘为剪切边。NIONICRAL 70 钢的名义屈服强度为 700MPa，实测屈服强度分别为797MPa(试件 I33)和 873MPa(试件 I34)。焊条的名义屈服强度为690MPa，与母材等强。翼缘和腹板厚度分别为 12mm 和 10mm，翼缘宽厚比分别为 10.75 和 8.67，腹板高厚比为 22.0。这两个试件测点更少，试件 I33 上翼缘 5 个测点，下翼缘 3 个测点；试件 I34 上、下翼缘各有 6 个测点；二者腹板部分均无测点。同样，这些测点布置在翼缘受压区，未测得焊缝附近的残余拉应力。但从测量结果来看，翼缘两端附近区域存在残余压应力。

KIM 等[10]采用无损测量法测得 1 个 HSA800 钢焊接工字形截面的残余应力。HSA800 钢名义屈服强度为650MPa，实测屈服强度760MPa，抗拉强度800MPa。试件翼缘和腹板厚度均为15mm，翼缘宽厚比6.8，腹板高厚比18.7。

测量结果表明，翼缘和腹板焊缝附近残余拉应力大约为 0.1 倍的名义屈服强度。这个值远低于其他文献的实测结果。无损测量法只能测得试件表面的残余应力，不能完全反映实际情况，且只有 1 个试件，难以说明问题，故未列入表 2-1。

2.3.2　残余应力分布模型

从图 2-4 和表 2-1 可看到，高强钢焊接工字形截面残余应力分布变化多端，但从测量数据可得出如下结论：

(1) 高强钢焊接工字形截面残余应力分布形状与普通钢焊接工字形截面类似。在翼缘和腹板焊缝附近均存在较高残余拉应力，翼缘两端火焰切割边有较小残余拉应力；翼缘悬伸部分的中部区域存在残余压应力，或基本均匀或曲线分布；腹板中部区域有较为均匀的残余压应力。若翼缘为剪切边，则有较大的残余压应力。在残余拉、压应力之间有过渡区域。

(2) 高强钢焊接工字形截面翼缘和腹板焊缝附近的残余拉应力均未达到钢材的实测屈服强度，翼缘和腹板的残余压应力随板件宽厚比的增大而减小。

(3) 高强钢焊接工字形截面残余拉、压应力与钢材实测屈服强度的比值比普通钢焊接工字形截面小。

基于以上三点，高强钢焊接工字形截面的残余应力分布模型仍然采用普通钢焊接工字形截面的残余应力分布，但残余应力峰值要作相应的修正。各国规范对普通钢焊接工字形截面提出了不同的残余应力模型，有曲线和折线分布。考虑到便于应用，选用简单的折线模型。图 2-5(a)和(b)分别为翼缘为火焰切割边和剪切边时高强钢焊接工字形截面的残余应力分布简图。

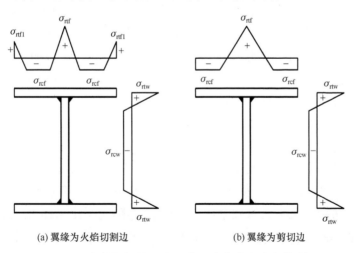

(a) 翼缘为火焰切割边　　　　　　(b) 翼缘为剪切边

图 2-5　高强钢焊接工字形截面残余应力分布简图

钢材的种类确定之后，便可以知道其名义屈服强度。为了便于应用，表 2-1

中给出了各关键点实测残余应力和名义屈服强度的比值，为表中括号内数值。

从已有试验数据来看，高强钢的名义屈服强度有三种，即 f_y=460MPa、550MPa 和 690MPa；翼缘为火焰切割边试件居多，剪切边试件甚少。下面确定高强钢焊接工字形截面残余应力的峰值。

1. 翼缘为火焰切割边

在确定翼缘和腹板焊缝附近的残余拉应力峰值时考虑两点：一是有些文献并未完全测得焊缝附近区域的残余应力，这些文献需排除在外，如[4]、[7]、[8]和[9]；二是对比表 2-1 中 σ_{rtf}/f_y 和 σ_{rtw}/f_y 值发现，二者有时比较接近，有时相差较大，但很难确定哪个大哪个小。翼缘和腹板交接处同为一条焊缝，焊接工艺和输入的热量应是相同的，如果两块板件厚度相同，那么 σ_{rtf}/f_y 和 σ_{rtw}/f_y 值应是比较接近的。文献[3]中翼缘和腹板厚度相同的试件有 6 个，其中 3 个的 σ_{rtf}/f_y 和 σ_{rtw}/f_y 值基本相同。同样，文献[6]中 7 个有 3 个基本相同。因此，在确定峰值时，取 $\sigma_{rtf}=\sigma_{rtw}$。对 Q460 钢，仅文献[4]中 3 个试件的 σ_{rtf}/f_y 较高，其平均值为 0.9，文献[3]和[5]中的 σ_{rtf}/f_y 均不是很高，平均值分别为 0.53 和 0.52。对 Q550 钢，其 σ_{rtf}/f_y 的平均值为 0.66，并不比 Q460 钢低。鉴于此，取表 2-1 中有效试验数据，即文献[3]中 8 个试件、文献[5]中 8 个试件和文献[6]中 7 个试件，共计 23 个，求其平均值，得到 $\sigma_{rtf}=\sigma_{rtw}=0.60f_y$，其中 f_y 为名义屈服强度。该值是由 Q460 和 Q550 钢试件试验结果求得，不包括其他钢材。对 Q690 钢，LI 等[7]只测得翼缘外侧焊缝附近的残余应力，翼缘内侧和腹板附近区域的残余应力未能测得，表 2-1 仅有的 3 个数据是通过测得的各板件残余压应力由平衡条件求得的。这 3 个数据求平均值得到 $\sigma_{rtf}=\sigma_{rtw}=0.38f_y$。

翼缘两端为火焰切割边，应为残余拉应力。剔除表 2-1 中的"零"值和"负"值应力，剩余的求平均值，得到：名义屈服强度 f_y=460MPa、550MPa，$\sigma_{rtfl}=0.19f_y$；$f_y=690\text{MPa}$，$\sigma_{rtfl}=0.09f_y$。

对 f_y=460MPa、550MPa 的高强钢，其翼缘悬伸部分中部区域的残余压应力峰值 σ_{rcf}/f_y 的绝对值普遍比名义屈服强度 $f_y=690\text{MPa}$ 的高强钢高，而 f_y=460MPa、550MPa 的高强钢，则难以分辨高低。因此，在确定翼缘残余压应力峰值时，需分两种情况：f_y=460MPa、550MPa 和 $f_y=690\text{MPa}$。图 2-6(a)和(b) 分别给出了两种情况下翼缘残余压应力 σ_{rcf}/f_y 随宽厚比 b_f/t_f 的变化曲线。由图 2-6 可知，σ_{rcf}/f_y 的绝对值随 b_f/t_f 的增大而减小。焊接工字形截面的残余压应力对构件绕弱轴弯曲的情况不利，其值可取得略微大些。通过数值拟合，并保证 99.7%的保证率，可得到图 2-6 中的实线，其方程为

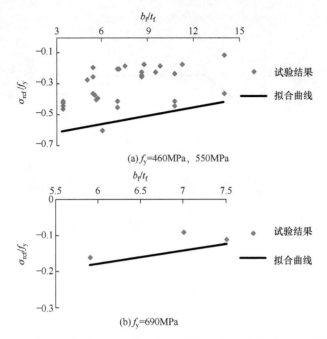

图 2-6　高强钢焊接工字形截面翼缘残余压应力随宽厚比变化情况

当 f_y=460MPa、550MPa 时：

$$\sigma_{\mathrm{rcf}}/f_y = 0.018b_f/t_f - 0.67 \quad (3.4 \leqslant b_f/t_f \leqslant 14) \tag{2-1}$$

当 $f_y = 690\,\mathrm{MPa}$ 时：

$$\sigma_{\mathrm{rcf}}/f_y = 0.037b_f/t_f - 0.40 \quad (5.9 \leqslant b_f/t_f \leqslant 7.5) \tag{2-2}$$

同理，可得到腹板中部残余压应力的峰值 $\sigma_{\mathrm{rcw}}/f_y$ 随高厚比的变化曲线，如图 2-7，其实线方程为

当 f_y=460MPa、550MPa 时：

$$\sigma_{\mathrm{rcw}}/f_y = \begin{cases} 0.016h_w/t_w - 0.57 & (5.9 \leqslant h_w/t_w \leqslant 21.9) \\ -0.22 & (21.9 < h_w/t_w \leqslant 53.75) \end{cases} \tag{2-3}$$

当 $f_y = 690\,\mathrm{MPa}$ 时：

$$\sigma_{\mathrm{rcw}}/f_y = -0.13 \quad (10.7 \leqslant h_w/t_w \leqslant 30) \tag{2-4}$$

对焊接工字形截面，翼缘和腹板部分残余应力各自平衡，翼缘是火焰切割还是剪切边都不会影响腹板部分残余应力的大小。因此，对 $f_y = 690\,\mathrm{MPa}$ 焊接工字形截面，在确定腹板的残余压应力时，翼缘不分火焰切割边和剪切边，取其全部数值。$\sigma_{\mathrm{rcw}}/f_y$ 在 $-0.03\sim-0.15$ 变化；两组试验数据相差较大，一组 $\sigma_{\mathrm{rcw}}/f_y$ 的平均值为 -0.04，另一组的平均值为 -0.13。式(2-4)偏于安全地取第二组的平均值。

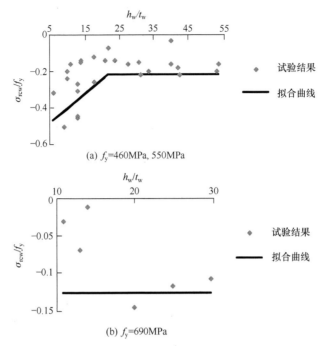

图 2-7　高强钢焊接工字形截面腹板残余压应力随高厚比变化情况

表 2-2 汇总了上述残余应力峰值的取值。

表 2-2　高强度钢焊接工字形截面残余应力模型中的峰值

钢材名义屈服强度/MPa	翼缘			腹板		备注
	σ_{rtf}/f_y	σ_{rtf1}/f_y	σ_{rcf}/f_y	σ_{rtw}/f_y	σ_{rcw}/f_y	
f_y=460，550	0.60	0.19	式(2-1)	0.60	式(2-3)	翼缘火焰切割边
f_y=690	0.38	0.09	式(2-2)	0.38	式(2-4)	
f_y=690，700	0.38	—	−0.18	0.38	式(2-4)	翼缘剪切边

注：f_y 为钢材名义屈服强度。

2. 翼缘为剪切边

翼缘为剪切边的焊接工字形截面，试验数据较少，仅限于名义屈服强度为690MPa 和 700MPa 的超高强钢。其焊缝附近的残余拉应力及腹板中部区域的残余压应力的峰值可与 f_y=690MPa 翼缘为火焰切割边取相同的值，翼缘边缘为残余压应力，需由试验数据确定。由文献[8]和[9]知，翼缘剪切边残余压应力的值和翼缘宽厚比无明显关系，取其试验结果的平均值，即 σ_{rcf}/f_y = −0.18。

上述残余拉、压应力分布区域的大小需由平衡条件确定。

2.4　焊接箱形的残余应力

2.4.1　实测残余应力

　　USAMI 等[11]测量了 3 个 SM58 钢(名义屈服强度为 460MPa，实测屈服强度为 568MPa)焊接方管(表 2-3 中 B1～B3)的残余应力。焊缝为角焊缝。试件厚度 4.5mm，板件宽厚比分别为 29.1、44.6 和 58.2。测得残余应力的分布模型与低碳钢焊接方管相同，即在翼缘和腹板交界附近存在较高的残余拉应力，在板件中部区域存在较为均匀的残余压应力。测得残余拉应力峰值 $\sigma_{rt} = 0.8 f_y = 0.8 \times 568\text{MPa} = 454.4\text{MPa}$，与钢材名义屈服强度 460MPa 极为接近。残余压应力峰值 σ_{rc} 分别为 $-0.32 f_y$、$-0.22 f_y$、$-0.15 f_y$，f_y 为实测屈服强度。若取名义屈服强度，则 σ_{rt} 可近似为 f_y；σ_{rc} 分别为 $-0.40 f_y$、$-0.27 f_y$、$-0.19 f_y$。试件的几何尺寸、板件的宽厚比及残余应力峰值列于表 2-3。表 2-3 中，B、H 和 t 分别为截面的宽度、高度和厚度；b/t 是板件的宽厚比。

表 2-3　高强度钢焊接箱形截面残余应力试验结果

试件	B/mm	H/mm	t/mm	b/t	σ_{rt}/f_y 或 σ_{rt}/f_y (外层/内层)	σ_{rc}/f_y 或 σ_{rc}/f_y (外层/内层)	备注
B1	147	122	4.5	29.1		−0.32(−0.40)	(1) 数据来源于文献[11]；
B2	214	198	4.4	44.6	0.8(0.99)	−0.22(−0.27)	(2) SM58 钢； (3) 钢材屈服强度：
B3	277	262	4.5	58.2		−0.15(−0.19)	名义屈服强度为 460MPa，实测屈服强度为 568MPa
B4	120	120	12	8.0	0.60(0.75)	−0.23(−0.29)	
B5	168	168	12	12.0	0.70(0.87)	−0.25(−0.31)	
B6	216	216	12	16.0	0.70(0.87)	−0.18(−0.23)	
B7	264	264	12	20.0	0.79(0.98)	−0.14(−0.18)	(1) 数据来源于文献[12]；
B8	175	175	25	5.0	0.63/0.83 (0.67/0.88)	−0.46/−0.26 (−0.48/−0.27)	(2) Q460GJ 钢； (3) 实测屈服强度： 12mm 厚为 571MPa，25mm 厚为 485MPa；
B9	200	200	25	6.0	0.69/0.76 (0.72/0.80)	−0.43/−0.28 (−0.46/−0.30)	(4) 表中残余应力数值由文献[12]实测值计算得到
B10	225	225	25	7.0	0.64/0.97 (0.68/1.02)	−0.39/−0.27 (−0.42/−0.28)	
B11	250	250	25	8.0	0.70/0.83 (0.74/0.87)	−0.37/−0.30 (−0.39/−0.32)	

试件	B/mm	H/mm	t/mm	b/t	σ_{rt}/f_y 或 σ_{rt}/f_y (外层/内层)	σ_{rc}/f_y 或 σ_{rc}/f_y (外层/内层)	备注
B12	110.9	110.9	11.40	7.7	0.555(0.61)	−0.255(−0.28)	(1) 数据来源于文献[13];
B13	156.5	156.5	11.44	11.7	0.678(0.75)	−0.195(−0.21)	(2) Q460 钢; (3) 钢材屈服强度:
B14	219.8	219.8	11.42	17.3	0.707(0.78)	−0.142(−0.16)	名义屈服强度为 460MPa, 实测屈服强度为 505.8MPa
B15	100	100	10	8.0	(0.44)	(−0.40)	
B16	140	140	14	8.0	(0.41)	(−0.40)	(1) 数据来源于文献[14];
B17	150	150	10	13.0	(0.69)	(−0.36)	(2) Q460 钢; (3) 实测屈服强度:
B18	240	240	12	18.0	(0.69)	(−0.20)	文献[14]未给出实测屈服强度;
B19	330	330	12	25.5	(0.72)	(−0.15)	(4) 表中残余应力数值由文献[14]实测值计算得到
B20	380	380	10	36.0	(0.65)	(−0.17)	
B21	100.78	101.96	12.60	6.1	0.48(0.54)	−0.27(−0.30)	
B22	150.94	150.98	12.82	9.8	0.52(0.59)	−0.20(−0.23)	(1) 数据来源于文献[15];
B23	200.46	200.11	12.84	13.6	0.56(0.63)	−0.13(−0.15)	(2) Q550GJ 钢; (3) 实测屈服强度:
B24	200.32	200.65	24.29	6.3	0.45(0.46)	−0.15(−0.15)	12mm 厚为 623.7MPa, 24mm 厚为 561.0MPa;
B25	250.25	250.54	12.42	18.2	0.56(0.64)	−0.10(−0.11)	(4) 表中残余应力数值由文献[15]实测值计算得到
B26	300.60	300.39	12.47	22.1	0.63(0.72)	−0.09(−0.09)	
B27	150	126	6.00	22.0		−0.138(−0.15)	(1) 数据来源于文献[16];
B28	216	192	6.00	33.0	0.6(0.64)	−0.087(−0.09)	(2) HT80 钢; (3) 钢材屈服强度:
B29	282	258	6.00	44.0		−0.112(−0.12)	名义屈服强度为 690MPa, 实测屈服强度为 741MPa
B30	141.21	141.21	16.19	6.7	0.394(0.44)	−0.137(−0.15)	(1) 数据来源于文献[7];
B31	192.04	192.04	16.13	9.9	0.445(0.50)	−0.126(−0.14)	(2) Q690 钢; (3) 钢材屈服强度:
B32	235.64	235.64	16.30	12.5	0.496(0.55)	−0.119(−0.13)	名义屈服强度为 690MPa, 实测屈服强度为 772MPa
B33	85	85	5	16		(−0.29)	
B34	110	110	5	21	(0.72)	(−0.24)	
B35	135	135	5	26		(−0.18)	(1) 数据来源于文献[17];
B36	210	210	5	41		(−0.11)	(2) 钢材屈服强度: 名义屈服强度为 690MPa
B37	272	272	16	16	(1.07)	(−0.30)	
B38	432	432	16	26		(−0.16)	

续表

试件	B/mm	H/mm	t/mm	b/t	σ_{rt}/f_y 或 σ_{rt}/f_y (外层/内层)	σ_{rc}/f_y 或 σ_{rc}/f_y (外层/内层)	备注
B39	90	90	5	16	—	−0.25(−0.26)	(1) 数据来源于文献[8]； (2) BISALLOY 80 钢； (3) 钢材屈服强度： 名义屈服强度为 650MPa，实测屈服强度 为 670MPa
B40	120	120	5	22	—	−0.17(−0.18)	
B41	150	150	5	28	—	−0.11(−0.11)	
B42	140	140	14	8	0.35(0.36)	−0.24(−0.24)	(1) 数据来源于文献[18]； (2) 钢材屈服强度： 名义屈服强度为 960MPa，实测屈服强度 为 973.2MPa； (3) 表中残余应力数值由文献[18]实测 值计算得到
B43	210	210	14	13	0.29(0.30)	−0.17(−0.18)	
B44	420	420	14	28	0.51(0.52)	−0.06(−0.07)	

注：残余应力值，不加括号者为残余应力峰值与实测屈服强度的比值；加括号者为残余应力峰值与名义屈服强度的比值。

段涛[12]采用分割法测量了 8 个 Q460GJ 钢中厚板及厚板焊接箱形截面 B4～B11 的残余应力，其中 12mm 厚试件 4 个，板件宽厚比为 8.0～20.0；25mm 厚试件 4 个，板件宽厚比为 5.0～8.0。焊缝为对接焊缝。25mm 厚试件沿板厚划分为 2 个板条；12mm 厚试件则未分割。由于板条在分割后发生弯曲变形，文献[12]采用弯曲修正法和夹直修正法来得到残余应力的值。图 2-8(a)和(b)分别是试件 B6(12mm 厚)和 B10(25mm 厚)实测残余应力分布图。残余应力分布模型与 Q235 钢基本相同；有些试件残余拉应力峰值超过钢材的名义屈服强度 460MPa；25mm 厚试件内、外层残余应力相差较大，内层残余拉应力较大，外层残余压应力较大。由文献[12]中实测数据整理计算的残余拉、压应力平均值见表 2-3。12mm 厚试件截面的残余拉应力峰值平均值与名义屈服强度的比值分别为 0.75、0.87、0.87 和 0.98；残余压应力峰值平均值与名义屈服强度的比值则分别为−0.29、−0.31、−0.23 和−0.18。25mm 厚试件截面相应值：外层残余拉应力与名义屈服强度的比值分别为 0.67、0.72、0.68 和 0.74，内层残余拉应力与名义屈服强度的比值分别为 0.88、0.80、1.02 和 0.87；外层残余压应力与名义屈服强度的比值分别为−0.48、−0.46、−0.42 和−0.39，内层残余压应力与名义屈服强度的比值分别为−0.27、−0.30、−0.28 和−0.32。

WANG 等[13]采用钻孔法和分割法测量了 3 个 Q460 钢焊接方管截面的残余应力。试件编号 B12～B14，对接焊缝。板件厚 11mm，宽厚比分别为 7.7、11.7 和 17.3。钢材实测屈服强度为 505.8MPa。图 2-8(c)是试件 B14 采用分割法实测残

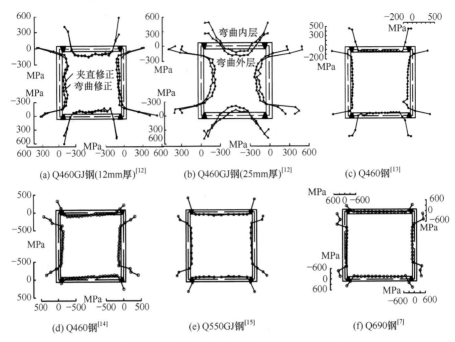

(a) Q460GJ钢(12mm厚)[12]　　(b) Q460GJ钢(25mm厚)[12]　　(c) Q460钢[13]

(d) Q460钢[14]　　　　　(e) Q550GJ钢[15]　　　　　(f) Q690钢[7]

图 2-8　焊接箱形截面的实测残余应力分布

余应力分布图。3 个试件残余拉应力的峰值与实测屈服强度的比值分别为 0.555、0.678 和 0.707；残余压应力平均值和实测屈服强度的比值分别为-0.255、-0.195 和-0.142。若采用名义屈服强度，则相应的残余拉应力的比值分别为 0.61、0.75 和 0.78；相应的残余压应力比值分别为-0.28、-0.21 和-0.16。

班慧勇等[14]采用分割法测量了 6 个不同尺寸焊接方管截面试件(B15～B20)的残余应力。焊缝为对接焊缝。钢材为 Q460 钢，板件厚度为 10mm、12mm 和 14mm，板件宽厚比为 8.0、13.0、18.0、25.5 和 36.0。图 2-8(d)是试件 B18 实测残余应力分布图。这 6 个试件板件宽厚比变化范围较大，焊缝附近区域实测残余拉应力峰值大部分低于名义屈服强度 460MPa，个别高于该值。文献[14]未给出钢材的实测屈服强度。由文献[14]中实测值进一步求出残余拉应力与名义屈服强度的比值分别为 0.44、0.41、0.69、0.69、0.72 和 0.65；残余压应力与名义屈服强度的比值分别为-0.40、-0.40、-0.36、-0.20、-0.15 和-0.17。残余压应力随板件宽厚比的增大而降低。

邱林波等[15]采用分割法测量了 6 个 Q550GJ 钢焊接方形截面试件(B21～B26)的残余应力，其中 5 个试件厚 12mm，1 个试件厚 24mm。焊缝为对接焊缝。钢材实测屈服强度：12mm 厚为 623.7MPa；24mm 厚为 561.0MPa。板件宽厚比为 6.1～22.1。图 2-8(e)是试件 B23 实测残余应力分布图。实测最大残余拉应力为 437MPa，大约为 0.72 倍的名义屈服强度。出乎意料的是 24mm 厚试件残余拉应力却最小,大约为 0.46 倍的名义屈服强度。实测残余压应力的变化范围为-0.30～-0.09 倍的名义屈服强度。

USAMI 等[16]测量了 3 个 HT80 钢焊接方管(B27～B29)的残余应力。焊缝为角焊缝。钢材名义屈服强度为 690MPa,实测屈服强度为 741MPa。板件厚度6mm,试件宽厚比分别为 22、33 和 44。实测残余应力分布形状与普通钢焊接方管类似。测得的残余拉应力峰值和实测屈服强度比值为 0.6,换成名义屈服强度则为 0.64;残余压应力与实测屈服强度比值分别为-0.138、-0.087 和-0.112,换成名义屈服强度则分别为-0.15、-0.09 和-0.12。

LI 等[7]采用分割法测量了 3 个 Q690 钢焊接方管截面试件(B30～B32)的残余应力。焊缝为对接焊缝。钢材实测屈服强度为 772MPa。截面厚度 16mm,板件宽厚比分别为 6.7、9.9 和 12.5。图 2-8(f)是试件 B31 实测残余应力分布图。虽然 3 个试件的宽厚比不同,但残余拉应力的分布宽度几乎保持不变。这可能是 3 个试件厚度相同的缘故。残余拉应力与名义屈服强度的比值分别为 0.44、0.50 和 0.55,而残余压应力与名义屈服强度的比值分别为-0.15、-0.14 和-0.13。

KHAN 等[17]采用无损技术测量了 6 个高强钢焊接方管截面试件(B33～B38)的残余应力。其中,16mm 厚试件 2 个,代表实际工程,采用大角焊缝(分层焊);5mm 厚试件 4 个,代表试验试件,采用小角焊缝(无需分层)。钢材名义屈服强度为 690MPa。大焊缝试件板件宽厚比分别为 16 和 26;小焊缝试件板件宽厚比分别为 16、21、26 和 41。试件沿厚度方向有 3 个测点。图 2-9(a)和(b)分别是试件 B36 和 B37 实测残余应力分布图。图 2-9(a)中横坐标表示距角焊缝中心的距离,相交的两个板件其中一个离开焊缝中心为正向,另一个离开焊缝中心则为负向;图例分别表示与试件表面的距离为 1mm、2.5mm 和 4mm 处的残余应力。图 2-9(b)中的定义与此类似。沿厚度方向残余拉应力变化较大,而残余压应力变化较小。16mm 厚试件截面残余拉应力大于 5mm 厚试件截面,而残余压应力和 5mm 厚试件截面相同。5mm 厚试件截面残余拉应力平均值为0.72 倍名义屈服强度;16mm 厚试件截面残余拉应力平均值则为 1.07 倍名义屈服强度。在板厚一定的条件下,残余拉应力的分布宽度和板宽无关。残余压应力的变化范围为-0.30～-0.11 倍的名义屈服强度,其大小取决于板件的宽厚比。基于文献[17]和前人的试验结果,KHAN 等[17]提出了残余压应力的计算公式:

$$\sigma_{rc} = -[3.6607(b_1 / t)^{-0.924}]f_y \tag{2-5}$$

式中,b_1 为板件轴线至轴线之间的距离;f_y 为钢材的名义屈服强度;t 为板件的厚度。

式(2-5)的适用范围为 b_1/t=16～45。大部分试验点落在曲线的下方,该公式偏于保守。

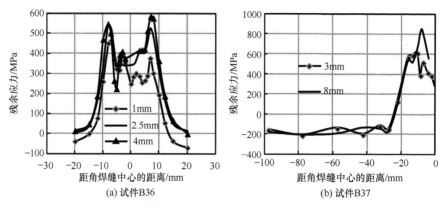

图 2-9　焊接箱形截面的实测残余应力分布[17]

RASMUSSEN 等[8]采用分割法测量了 3 个 BISALLOY80 钢焊接方形管截面(B39～B41)的残余应力。板件厚 5mm，宽厚比分别为 16、22 和 28。BISALLOY80 钢的名义屈服强度为 650MPa，实测屈服强度为 670MPa。焊条的名义屈服强度为 375MPa，远低于母材。该组试件仅测得板件中部的残余压应力，分别为–169MPa、–114MPa 和–73MPa，与钢材名义屈服强度的比值分别为–0.26、–0.18 和–0.11。

班慧勇等[18]采用分割法测量了 3 个 960MPa 钢焊接方形管截面(B42～B44)的残余应力。板件厚 14mm，宽厚比分别为 8、13 和 28。960MPa 钢的实测屈服强度为 973.2MPa。焊缝为坡口对接焊缝。试验结果表明，960MPa 钢焊接箱形截面残余应力分布形状与普通钢、其他等级高强钢焊接箱形截面类似，焊缝附近区域残余拉应力峰值和截面尺寸无直接关系，且远小于钢材的名义屈服强度。板件中部区域的残余压应力随板件宽厚比增大而明显减小。同时，班慧勇等[18]还总结了国内外现有的其他焊接箱形截面试验数据，包括 235MPa、460MPa、690MPa 和 960MPa 等四种钢材强度等级，得出焊接残余拉应力大小在很大程度上取决于焊接过程的热输入，而与材料性能以及截面尺寸无直接关系；总的趋势是随着强度等级的提高，残余拉应力增大。建议对于强度等级大于等于 460MPa、小于 690MPa 的钢材，焊缝附近最大残余拉应力可统一取为 460MPa；对于更高强度等级钢材，可统一取为 690MPa。随着钢材强度等级的提高，箱形截面的压应力系数(即残余压应力和名义屈服强度的比值)均明显减小，残余压应力与板件宽厚比、板件厚度有直接关系，并通过非线性拟合得如下计算公式：

$$\sigma_{\text{rc}} = -95 - \frac{1450}{b/t} - \frac{270}{t} \geqslant -f_y \text{ 且} \leqslant -0.1f_y \tag{2-6}$$

2.4.2　残余应力分布模型

从图 2-8、图 2-9 和表 2-3 可知，文献对高强钢焊接箱形截面残余应力分布有以下两点可达成共识：

(1) 不同强度等级高强钢焊接箱形截面残余应力分布形状与普通钢焊接箱形截面类似。在两板件相交的焊缝附近均存在较高残余拉应力，在板件的中部存在较为均匀的残余压应力。

(2) 随着板件宽厚比增大，残余压应力值降低。

文献对高强钢焊接箱形截面残余拉应力的峰值却难以达成一致。名义屈服强度为 460MPa 和 690MPa 钢板焊缝附近残余拉应力有的接近或达到名义屈服强度，名义屈服强度为 550MPa 钢板的残余拉应力则远未达到名义屈服强度。正如文献[17]的测量结果，或许是残余拉应力受测点位置影响较大的缘故。上述文献资料中，除了少量试件沿厚度方向布置两个或三个测点外，大部分为一个测点。对于薄板来说，残余应力沿厚度变化不大，一个测点可以满足要求；对于厚板来说，则存在一定误差。对于残余压应力的取值，式(2-5)是针对名义屈服强度为 690MPa 的钢材，不包括其他等级高强钢。虽然式(2-6)包含更多强度等级钢材，但该式与板厚有关，不太好理解，且公式的下限值取$-f_y$，与试验结果不符。

基于上述试验数据，高强钢焊接箱形截面残余应力分布简图仍采用普通钢材的残余应力模型，如图 2-10 所示。残余拉、压应力峰值 σ_{rt} 和 σ_{rc} 需重新确定，其实测值统计结果见表 2-4。

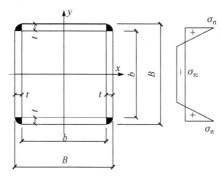

图 2-10　高强钢焊接箱形截面残余应力分布简图

表 2-4　高强度钢焊接箱形截面残余应力模型中的峰值

钢材名义屈服强度 f_y /MPa	460	550	690	960
σ_{rt} / f_y	0.41～1.02	0.46～0.72	0.64～0.72(小焊缝) 0.44～1.07(大焊缝)	0.30～0.52
σ_{rc} / f_y	−0.48～−0.15	−0.30～−0.09	−0.30～−0.09	−0.24～−0.07

按照表 2-4，高强钢各强度等级钢材残余拉应力峰值偏于安全地取统计值的上限，即

f_y=460MPa 时：　　　　$\sigma_{rt} = f_y$

f_y=550MPa 时：　　　　$\sigma_{rt} = 0.72 f_y$

f_y=690MPa 时：　　　　$\sigma_{rt} = f_y$(大焊缝)

　　　　　　　　　　　　$\sigma_{rt} = 0.72 f_y$(小焊缝)

f_y=960MPa 时：　　　　$\sigma_{rt} = 0.52 f_y$

写成统一表达式，即

$$\sigma_{rt} = C f_y \tag{2-7}$$

式中，f_y为钢材名义屈服强度；系数 C 取值见表 2-5。

表 2-5　高强度钢焊接箱形截面残余应力分布模型中的峰值系数

钢材名义屈服强度 f_y/MPa	460	550	690	960
C	1	0.72	0.72(小焊缝) 1(大焊缝)	0.52
C_1	0.003	0.009	0.006	0.008
C_2	0.40	0.30	0.36	0.30

残余压应力峰值取值，通过对实测值进行线性拟合，并偏于安全地取图 2-11 中的直线，其表达式分别如下：

f_y=460MPa 时：　　$\sigma_{rc} / f_y = 0.003 b / t - 0.40$　　（$5 \leqslant b/t \leqslant 58.2$）

f_y=550MPa 时：　　$\sigma_{rc} / f_y = 0.009 b / t - 0.30$　　（$6.1 \leqslant b/t \leqslant 22.1$）

f_y=690MPa 时：　　$\sigma_{rc} / f_y = 0.006 b / t - 0.36$　　（$6.7 \leqslant b/t \leqslant 44$）

f_y=960MPa 时：　　$\sigma_{rc} / f_y = 0.008 b / t - 0.30$　　（$8 \leqslant b/t \leqslant 28$）

残余压应力峰值也写成统一表达式，即

$$\sigma_{rc} / f_y = C_1 b / t - C_2 \tag{2-8}$$

式中，系数 C_1 和 C_2 见表 2-5；f_y为钢材名义屈服强度。

图 2-12 给出了 f_y=690MPa 时，本书公式[式(2-8)]与文献[17]公式[式(2-5)]的对比。可知，在式(2-5)的适用范围内，即 b/t=16～45，二者吻合很好。

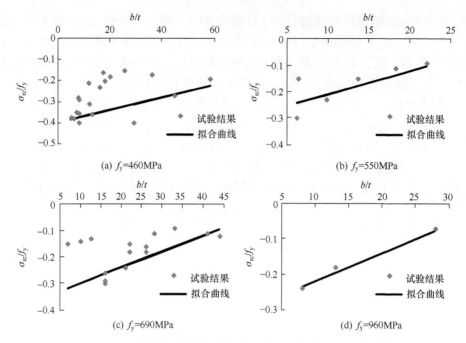

图 2-11　高强钢焊接箱形截面残余压应力随宽厚比变化情况

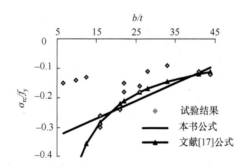

图 2-12　高强钢焊接箱形截面残余压应力计算公式比较(f_y=690MPa)

2.5　焊接圆管的残余应力

2.5.1　实测残余应力

目前高强钢焊接圆管截面残余应力研究成果甚少。SHI 等[19]采用锯割法测量了 4 个 Q345 钢和 5 个 Q420 钢焊接圆管截面(T1~T5)的残余应力,研究了径厚比、钢材强度、热镀锌和焊缝类型对残余应力的影响,并将试验结果与WAGNER 等[20]、CHEN 等[21]提出的低碳钢焊接圆管残余应力分布模型进行比较。5 个 Q420 钢试件的径厚比 D/t 分别为 45.5、45.5、30.6、34.1 和 47.1。研究结果表明，已有的低碳钢焊接圆管的残余应力分布模型不适合 Q420 钢，如图 2-13 所示。图 2-13 中包括 Q345 钢的试验结果。从图 2-13 来看，Q345 钢和 Q420 钢焊接圆管的残余压应力沿圆周方向的变化没有低碳钢那么大，极少数测点的残余拉应力超过名义屈服强度；通常圆管的外侧为残余拉应力，内侧为残余压应力；残余应力分布和径厚比之间没有明显关系；热镀锌会使残余应力分布趋于均匀，并降低残余拉应力；焊缝的类型对残余应力分布有明显影响，因有较大的热量输入，埋弧焊比高频焊影响大。表 2-6 为测得的残余拉、压应力峰值。基于上述试验结果，SHI 等[19]提出了 Q420 钢焊接圆管截面的残余应力分布模型，如图 2-14。由表 2-6 和图 2-14 可知，试验的残余拉、压应力峰值离散性较大，残余应力的分布模型也不同于普通钢管。

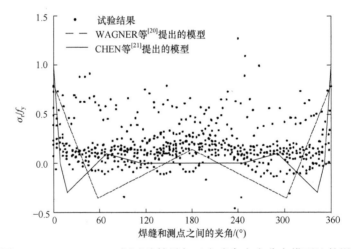

图 2-13　Q345、Q420 钢试验结果与已有残余应力分布模型比较[19]

表 2-6　高强度钢焊接圆管截面残余应力试验结果

试件	D/mm	t/mm	D/t	σ_{rt}/f_y		σ_{rc}/f_y	
				非镀锌试件	镀锌试件	非镀锌试件	镀锌试件
T1	273	6	45.5	0.25[a]	—	−0.12[b]	—
T2	273	6	45.5	0.42[a]	—	—	—
T3	245	8	30.6	0.24[a]	—	−0.09[b]	—
T4	273	8	34.1	0.51[a]	—	—	—
T5	377	8	47.1	1.00[a]	—	−0.36[b]	—

续表

试件	D/mm	t/mm	D/t	σ_{rt}/f_y		σ_{rc}/f_y	
				非镀锌试件	镀锌试件	非镀锌试件	镀锌试件
T6	250	8	31.3	0.99	0.66	−0.13	−0.09
T7	300	8	37.5	0.98	0.69	−0.14	−0.1
T8	350	8	43.8	1.00	0.60	−0.16	−0.09

注:"a"表示焊缝附近圆管外侧的残余拉应力;"b"表示圆管外侧最大残余压应力;f_y为钢材名义屈服强度。

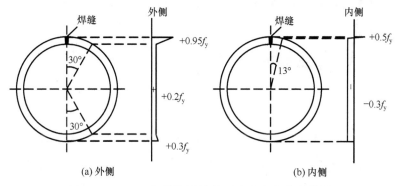

图 2-14　Q420 钢焊接圆管截面残余应力分布模型

赵军等[22]采用盲孔法和锯割法对 $\Phi250mm\times8mm$、$\Phi300mm\times8mm$ 和 $\Phi350mm\times8mm$ 三种截面形式(T6～T8)的 Q690 高强钢管的纵向残余应力分布进行试验研究,得到非镀锌试件和镀锌试件纵向残余应力分布图。三种截面对应的径厚比分别为 31.3、37.5 和 43.8。盲孔法是主要测量方法,测量了所有试件。锯割法只测量了 $\Phi250mm\times8mm$ 一种截面,作为对盲孔法测量结果的验证。盲孔法每种截面为一组,每组有 4 个非镀锌试件和 4 个镀锌试件;锯割法这组有 3 个非镀锌试件和 3 个镀锌试件,共计 30 个试件。试验结果表明,盲孔法和锯割法测量结果大同小异;盲孔法测得的各试件残余应力分布图基本相同。图 2-15 为盲孔法测得的管截面 T6($\Phi250mm\times8mm$)的残余应力分布和赵军等[22]提出的残余应力分布模型。由图 2-15 的试验结果可以看出,截面 T6 在非镀锌和镀锌两种情况下的残余应力分布均为:焊缝附近为残余拉应力,随着与焊缝中心距离的增大,残余拉应力急剧下降,转变为残余压应力;残余压应力达到最大值后,随着距离的增加,残余应力值开始增大,又变为残余拉应力。二者的不同之处在于:非镀锌试件,最大残余拉应力与钢材屈服强度的比值为 0.99,

最大残余压应力与钢材屈服强度的比值为–0.13；镀锌试件，最大残余拉应力与钢材屈服强度的比值约为 0.66，最大残余压应力与钢材屈服强度的比值为–0.09。表 2-6 汇总了各组试件残余拉应力、残余压应力的峰值。由表 2-6 可知，对非镀锌钢管，焊缝附近的残余拉应力与钢材屈服强度比值接近于 1；残余压应力峰值与屈服强度比值最大为–0.16，小于普通钢材的对应值–0.35～–0.27。还有一个特点：与焊接工字形和箱形截面的试验结果不同，文献[22]中各组试件实测残余应力分布与残余应力峰值的离散性非常小。

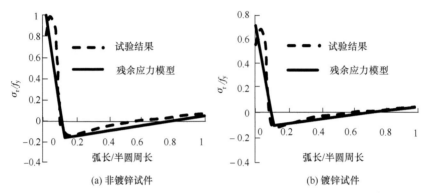

图 2-15　Q690 钢焊接管截面 T6 实测残余应力分布及残余应力分布模型[22]

魏言磊等[23]也测量了 Q690 钢管截面的残余应力，但未给出详细的数值。在其数值模拟中仍然采用文献[21]针对普通钢材焊接钢管截面的残余应力分布模型，但残余拉应力也达到 Q690 钢的屈服强度。

杨俊芬等[24]对 Q690 高强钢管截面的纵向残余应力分布进行了数值模拟，发现管径不变，壁厚越大，纵向残余压应力峰值越大；壁厚不变，管径越大，纵向残余压应力峰值越小；峰值变化均不明显。

基于试验和有限元分析结果，赵军等[22]和杨俊芬等[24]提出了 Q690 非镀锌钢管截面的残余应力分布模型，见图 2-15 中实线，用公式表达如下：

$$\sigma_{\mathrm{r}}/f_{\mathrm{y}} = \begin{cases} -10\theta/\pi + 1 & (0 \leqslant \theta/\pi \leqslant 0.12) \\ 0.32\theta/\pi - 0.24 & (0.12 < \theta/\pi \leqslant 1) \end{cases} \quad (2\text{-}9)$$

式中，θ 为焊缝中心与截面形心连线至测点与截面形心连线之间的夹角，用弧度表示，顺时针为正；f_{y} 为钢材名义屈服强度。

2.5.2　残余应力分布模型

对于高强钢焊接圆管，由于实测残余应力分布数据较少，残余应力分布及其峰值离散性较大，本书不提出焊接钢管的残余应力分布模型，但考虑到赵军等[22]和杨俊芬等[24]提出的残余应力分布模型与普通钢管相同，建议采用图 2-15 的残余应力分布模型和式(2-9)给出的值。

参 考 文 献

[1] 陈绍蕃, 申红侠. 热轧高强度钢压杆的承载能力分析[J]. 建筑钢结构进展, 2011, 13(4): 1-5.

[2] 班慧勇, 施刚, 邢海军, 等. Q420 等边角钢轴压杆稳定性能研究(Ⅰ)——残余应力的试验研究[J]. 土木工程学报, 2010, 43(7): 14-21.

[3] 班慧勇, 施刚, 石永久, 等. 国产 Q460 高强度钢材焊接工字形截面残余应力试验及分布模型研究[J]. 工程力学, 2014, 31(6): 60-69, 100.

[4] WANG Y B, LI G Q, CHEN S W. Residual stresses in welded flame-cut high strength steel H-sections[J]. Journal of Constructional Steel Research, 2012, 79: 159-165.

[5] YANG B, NIE S D, XIONG G, et al. Residual stresses in welded I-shaped sections fabricated from Q460GJ structural steel plates[J]. Journal of Constructional Steel Research, 2016, 122: 261-273.

[6] 邱林波, 薛素铎, 侯兆新, 等. Q550GJ 高强钢焊接 H 型截面残余应力试验研究[J]. 北京工业大学学报, 2015, 41(7): 1035-1042.

[7] LI T J, LI G Q, WANG Y B. Residual stress tests of welded Q690 high-strength steel box- and H-sections[J]. Journal of Constructional Steel Research, 2015, 115: 283-289.

[8] RASMUSSEN K J R, HANCOCK G J. Plate slenderness limits for high strength steel sections[J]. Journal of Constructional Steel Research, 1992, 23(1): 73-96.

[9] BEG D, HLADNIK L. Slenderness limit of class 3 I cross-sections made of high strength steel[J]. Journal of Constructional Steel Research, 1996, 38(8): 201-207.

[10] KIM D K, LEE C H, HAN K H, et al. Strength and residual stress evaluation of stub columns fabricated from 800 MPa high-strength steel[J]. Journal of Constructional Steel Research, 2014, 102: 111-120.

[11] USAMI T, FUKUMOTO Y. Welded box compression members[J]. Journal of Structural Engineering, 1984, 110(10): 2457-2470.

[12] 段涛. Q460GJ 钢中厚板及厚板焊接箱形截面残余应力研究[D]. 重庆: 重庆大学, 2016.

[13] WANG Y B, LI G Q, CHEN S W. The assessment of residual stresses in welded high strength steel box sections[J]. Journal of Constructional Steel Research, 2012, 76: 93-99.

[14] 班慧勇, 施刚, 石永久, 等. Q460 高强钢焊接箱形截面残余应力研究[J]. 建筑结构学报, 2013, 34 (1): 14-21.

[15] 邱林波, 侯兆新, 刘毅, 等. Q550GJ 高强钢焊接箱形截面残余应力试验研究[J]. 工业建筑, 2015, 45 (5): 111-114, 165.

[16] USAMI T, FUKUMOTO Y. Local and overall buckling of welded box columns[J]. Journal of the Structural Division, 1982, 108(ST3): 525-542.

[17] KHAN M, PARADOWSKA A, UY B, et al. Residual stresses in high strength steel welded box sections[J]. Journal of Constructional Steel Research, 2016, 116: 55-64.

[18] 班慧勇, 施刚, 石永久. 960MPa 高强钢焊接箱形截面残余应力试验及统一分布模型研究[J]. 土木工程学报, 2013, 46(11): 63-69.

[19] SHI G, JIANG X, ZHOU W J, et al. Experimental investigation and modeling on residual stress of welded steel circular tubes[J]. International Journal of Steel Structures, 2013, 13(3): 495-508.

[20] WAGNER A L, MUELLER W H, ERZURUMLU H L. Design interation curves for tubular steel beam-columns[C].Offshore Technology Conference. Houston, Texas: Offshore Technology Conference, 1976.

[21] CHEN W F, ROSS D A. Test of fabricated tubular columns[J]. Journal of the Structural Division, 1977, 103(ST3): 619-634.

[22] 赵军, 彭奕亮, 谌磊, 等. Q690 高强钢管截面残余应力分布试验研究[J]. 武汉大学学报(工学版), 2013, 46(增刊)：160-164.

[23] 魏言磊, 郭咏华, 孙清, 等. Q690 高强钢管轴心受压局部稳定性研究[J]. 土木工程学报, 2013, 46(5): 1-12.

[24] 杨俊芬, 李渊, 彭奕亮. Q690 高强钢管焊接残余应力数值模拟[J]. 工程力学, 2014, 31(10): 108-115.

第 3 章　高强钢构件的局部稳定

高强钢构件的局部稳定包括轴心受压构件、受弯构件和压弯构件的局部稳定，本章给出这三种构件局部稳定的试验方案和有限元模型的建立过程。

高强钢轴心受压构件板件的局部稳定是基础，受弯构件和压弯构件的翼缘均可看作均匀受压板件，也是目前研究比较多的内容，因此本章主要介绍高强钢轴心受压构件的局部屈曲性能、板件宽厚比的限值和板件屈曲后强度的计算方法。高强钢受弯构件腹板局部屈曲的研究相对较少，本章仅给出其局部屈曲性能和板件宽厚比的限值。高强钢压弯构件腹板的局部屈曲还缺乏相关的研究资料，但由于第 5 章要用到压弯构件板件的宽厚比限值和有效宽度，因此对此部分内容也有阐述。

3.1　高强钢轴心受压构件的局部稳定

3.1.1　试验方案

为了确保试件发生局部失稳，一般要求试件长细比小于等于 10，板件宽厚比大于规范规定的限值。图 3-1 给出目前高强钢轴心受压构件研究和应用较多的几种截面及其尺寸。表 3-1 是美国《钢结构规范》ANSI/AISC 360-16(简称美国规范 ANSI/AISC 360-16)[1]、欧洲《钢结构设计规范》EN 1993-1-1(简称欧洲规范 EN 1993-1-1)[2]、我国《钢结构设计规范》GB 50017—2003(简称我国规范 GB 50017—2003)[3]和《钢结构设计标准》GB 50017—2017(简称我国标准 GB 50017—2017)[4]相应截面板件宽厚比的限值。三种规范板件宽度的取值略微不同。欧洲规范 EN 1993-1-1 中工字形截面板件不计角焊缝的焊脚尺寸；我国规范中工字形截面翼缘取悬伸部分的宽度，热轧角钢不包括转角圆弧段的宽度。

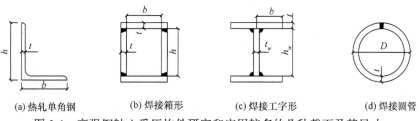

(a) 热轧单角钢　　　　(b) 焊接箱形　　　　(c) 焊接工字形　　　　(d) 焊接圆管

图 3-1　高强钢轴心受压构件研究和应用较多的几种截面及其尺寸

表 3-1　美国规范、欧洲规范和我国规范截面板件宽厚比限值

规范	美国规范 ANSI/AISC 360-16	欧洲规范 EN 1993-1-1	我国规范	
			GB 50017—2003	GB 50017—2017
热轧单角钢	$0.45\sqrt{E/f_y}$	15ε $(b+h)/(2t)\leqslant 11.5\varepsilon$	无规定	$15\varepsilon\ (\lambda_{max}\leqslant 80\varepsilon)$ $5\varepsilon+0.125\lambda_{max}\ (\lambda_{max}>80\varepsilon)$
焊接工字形 翼缘	$0.64\sqrt{k_c E/f_y}$	14ε	$(10+0.1\lambda_{max})\varepsilon$	
焊接工字形 腹板	$1.49\sqrt{E/f_y}$	42ε	$(25+0.5\lambda_{max})\varepsilon$	
焊接箱形	$1.49\sqrt{E/f_y}$	42ε	40ε	
焊接圆管	$0.11E/f_y$	$90\varepsilon^2$	$100\varepsilon^2$	

注：$\varepsilon=\sqrt{235/f_y}$；$E$ 为钢材的弹性模量；f_y 为钢材的屈服强度；k_c 为板件的屈曲系数，$0.35\leqslant k_c=4/\sqrt{h_w/t_w}\leqslant 0.76$；$\lambda_{max}$ 为构件的较大长细比。

　　试件两端铰接或为固定端。铰接可通过球铰支座或单刀口支座或圆柱铰支座来实现，也可以将试件端部铣平直接固定于试验机上下台座；固定端通过在试件端焊接较厚的端板，然后固定于试验机上下台座来实现。图 3-2 是高强钢轴心受压构件局部稳定试验加载装置示意图。试验可采用物理对中的方法保证试件几何中心与加载中心重合。

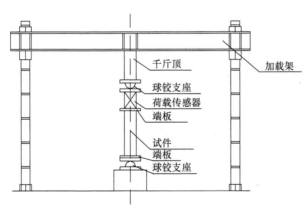

图 3-2　高强钢轴心受压构件局部稳定试验加载装置示意图

　　试验前需要测板件的初始几何缺陷。试验中需要测杆件的轴向压缩变形、二分之一杆长处的横向变形。为此，需在上下端板处各布置一个位移计测纵向位移，如图 3-3(a)；在二分之一杆长处布置位移计测横向位移，位移计的数量根据截面形状确定。根据以往的试验结果[5-12]，局部屈曲发生的位置可能接近杆中，也可能在杆端附近，故应变片布置在杆端和二分之一杆长处，如图 3-3(b)

中截面 1-1、2-2 和 3-3。应变片的数量和在
截面中的位置需根据截面形状具体确定。

　　试验采用静力加载。加载程序分预加
载、破坏荷载两个阶段。预加载至破坏荷载
的 20%，停歇 5min，检验试件各部分接触
是否良好，仪表工作是否正常，然后卸载。
当施加荷载为极限荷载的 0～50%时，每级
施加的荷载取极限荷载的 10%；当施加荷载
为极限荷载的 50%～80%时，每级施加的荷
载取极限荷载的 5%；当施加荷载达到极限

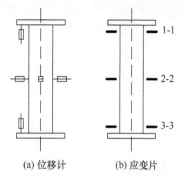

(a) 位移计　　(b) 应变片

图 3-3　位移计和应变片的布置

荷载的 80%以上，荷载级差调整为 2%，荷载增加至试件破坏，每级持荷时间
为 1min。

3.1.2　有限元模型

　　有限元分析需考虑材料非线性和几何非线性，考虑板件的初始几何缺陷和
残余应力的影响，可以借助大型通用商业软件 ABAQUS 或 ANSYS 来完成。

　　若采用 ANSYS 软件，则单元选择 Shell 181 单元。该单元为 4 节点单元，
每个节点有 6 个自由度：沿 x、y、z 三个方向的平移 U_x、U_y、U_z 和绕 x 轴、y
轴、z 轴的转动 Rot_x、Rot_y、Rot_z，能用于线性、大转动和非线性变形的分析。
支持非线性屈曲分析的同时，也支持初始应力的输入，可以考虑残余应力，能
满足高强钢轴心受压构件局部稳定分析的需要。Shell 181 单元需输入实常数。
实常数即单元的厚度，也就是板件的厚度。

　　高强钢材料的应力-应变模型见 1.3.1 小节。在 ANSYS 软件中，根据钢材
种类的不同可选择双线性或多线性各向同性模型或随动强化模型。材料遵循
von Mises 屈服准则和相关流动法则，需要输入材料的弹性模量、泊松比、屈
服强度和切线模量，或者弹性模量、泊松比以及材料应力-应变曲线的关键点
坐标。

　　高强钢不同等级、不同截面形状的残余应力分布模型见 2.2～2.5 节。在
ANSYS 中，残余应力可看作初始应力，必须作用在 Shell 181 单元的积分点上。
Shell 181 单元平面内有 4 个积分点，厚度方向有 5 个积分点，共 20 个积分点。
但可缩减积分点，使其平面内只有 1 个积分点，共有 5 个积分点。由于板件厚
度不大，因此可认为沿板厚方向残余应力不变。输入残余应力可分两步来完成：
第一步编写初始应力文件 XX.ist，第二步使用 ISFILE 命令在第一个荷载步的
第一个子步读入初始应力文件。

　　板件的初始几何缺陷会影响其屈曲性能和承载力。根据截面几何形状，初

始几何缺陷可能是初弯曲，也可能是初始扭转。对热轧单角钢来说，初始几何缺陷为初始扭转；对工字形、箱形和圆管截面来说，初始几何缺陷为初弯曲。

在考虑残余应力的情况下，初始几何缺陷的幅值取$b/1000$比较合适[13,14]，b为板件的宽度。初始几何缺陷的形状可采用理想构件一阶屈曲模态的形状，也可取双重三角级数。考虑初始几何缺陷，可采用两种方法：第一种方法是用 ANSYS 软件做特征值屈曲分析，提取一阶屈曲分析模态，然后用 UPGEOM 命令更新节点坐标，输入初始几何缺陷的幅值，板件初始几何缺陷即被引入模型中。这种方法更具有一般性，适用于任何截面形状。第二种方法是直接建模法[13]。假定组成构件各板件的初始屈曲形状为双重三角函数，如箱形截面(图 3-4)可假定其初始几何缺陷为

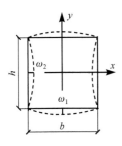

图 3-4　箱形截面初始几何缺陷

$$\omega = \omega_1 \sin\frac{m\pi z}{l}\cos\frac{\pi x}{b} \qquad (y = \pm h/2) \qquad (3\text{-}1a)$$

或
$$\omega = \omega_2 \sin\frac{m\pi z}{l}\cos\frac{\pi y}{h} \qquad (x = \pm b/2) \qquad (3\text{-}1b)$$

式中，b和h分别为箱形截面的宽度和高度；l为构件的长度；ω_1和ω_2分别为沿箱形截面宽度和高度方向屈曲的幅值，$\omega_1 = b/1000$，$\omega_2 = h/1000$；m为构件长度方向的屈曲半波数；x、y和z为任意一点的坐标。

对圆钢管(图 3-5)，假定其初始几何缺陷为

$$\omega = \frac{r}{1000}\sin\frac{m\pi z}{l}\sin\frac{ny}{r} \qquad (3\text{-}2)$$

式中，r为圆钢管的外半径；m为z方向屈曲的半波数；n为y方向屈曲的全波数。

在建立有限元模型时，首先确定网格的密度、所需节点和单元的数量以及节点和单元生成的顺序；其次，根据初始几何缺陷，确定各节点的坐标，并按坐标逐个生成节点；然后设置单元属性(单元类型、材料属性和实常数)，并依据事先确定的顺序由 4 个节点依次生成一个个单元。第二种方法的使用受到限制，适用于形状比较简单的截面。

边界条件和荷载的施加是有限元模拟的一个难点。有限元分析中通常假定构件两端铰接或一端铰接一端固定。

铰接端的模拟可采用三种方法：

方法一：构件两端设端板，在端板上施加边界条件和荷载[13-18]。根据平截面假定，杆截面在变形后仍为平面，因此

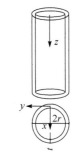

图 3-5　圆钢管

分别耦合端板同一水平线上所有节点三个方向的平移自由度，使其有相同的位移。杆件两端铰接，允许有弯曲变形，但不允许扭转。在建模时，尽量按理想铰接处理。因此，边界条件为始端约束所有主节点 x、y 方向的线位移和截面中线上主节点 z 方向的线位移；终端也约束所有主节点 x、y 方向的线位移。由于位移加载容易收敛，计算速度较快，且可以得到荷载-位移曲线的下降段，因此采用位移加载，即在杆件终端截面中线的主节点上施加一个较大的位移值，如 $U_z= -20$mm (U_z 为沿 z 轴方向的位移)。图 3-6 是按该方法所施加的边界条件。该方法适用于模拟单刀口支座或圆柱铰支座。

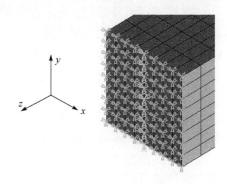

图 3-6　铰接边界条件模拟方法一

方法二：生成刚性面或设刚性端板，在刚性面形心或刚性端板中心施加边界条件和荷载[19-22]。为便于施加约束和防止集中荷载作用处构件发生局部破坏，网格划分时需保证截面中心产生节点，以该中心节点作为主节点，通过 CERIG 命令将端面其他节点自由度与主节点自由度进行耦合，使构件两端生成刚性面，如图 3-7(a)。设刚性端板与此类似，只是以端板中心为主节点，将端板上其他节点自由度耦合于主节点。约束下端主节点的 U_x、U_y、U_z 和 Rot$_z$ 及

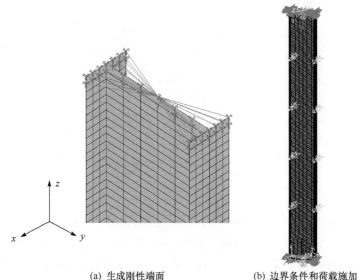

(a) 生成刚性端面　　　　　(b) 边界条件和荷载施加

图 3-7　铰接边界条件模拟方法二

上端主节点的 U_x、U_y 和 Rot_z。在构件上端中心节点施加轴向力 P，如图 3-7(b)。该方法适用于模拟球铰支座。

方法三：不设端板，也不耦合节点。一端直接约束所有节点三个方向的平移自由度和绕纵轴的扭转；另一端直接约束所有节点平面内两个平移自由度和绕纵轴的扭转，同时沿轴向施加均匀的压力或均匀的位移。这种方法对应于试验中的铣平试件端部直接固定于试验机台座上，相当于直接约束各个组成板件，在板边施加边界条件和荷载。

对固定端模拟，上述方法二和方法三都可以采用，只需要修改端部的约束条件。方法二修改为一端约束主节点的所有自由度，另一端约束主节点除轴向位移外的其他自由度，并沿轴向施加均匀的压力或位移。方法三修改为一个端面直接约束所有节点的所有自由度，另一个端面约束所有节点除轴向位移外的其他自由度，并沿轴向施加均匀的压力或位移。

3.1.3 高强钢轴心受压构件局部屈曲的性能

已有的高强钢轴心受压构件局部稳定研究包括[5-12,23-29]：Q420 钢热轧等边角钢的试验和有限元分析，Q460 钢和其他 690MPa、960MPa 钢焊接工字形截面的试验和有限元分析，Q460 钢、Q550 钢和其他 690MPa、960MPa 钢焊接箱形截面的试验和有限元分析，Q690 钢焊接圆管的试验和有限元分析。基于试验和有限元分析结果，可得高强钢轴心受压构件局部屈曲的性能。

1. 荷载-变形曲线

这里的荷载和变形指广义荷载和广义变形。荷载可以是轴向压力、弯矩或剪力。变形可以是轴向压缩变形、跨中挠度、转角或沿某一方向的位移。

高强钢轴心受压构件发生局部失稳时的荷载-变形曲线可以用轴向压力-横向位移曲线来反映，也可以用轴向压力-轴向压缩变形曲线来反映。

图 3-8 为高强钢轴心受压构件的轴向压力-横向位移曲线。其中，图 3-8(a)是 Q420 钢热轧等边角钢的曲线[8]；图 3-8(b)和(c)是 Q460 钢焊接方管的曲线[9]，其宽厚比 b/t 分别为 17.0 和 61.4；图 3-8(d)则是 960MPa 钢焊接工字形翼缘和腹板的曲线[11]。

由图 3-8 可知，由于试件两个不同测点或多或少存在一些初始几何缺陷，因此一旦有荷载作用，便有屈曲变形；由于不同测点初始几何缺陷不同，其轴向压力-横向位移曲线一般不重合，因此它们或沿同一方向屈曲，或沿不同方向屈曲；不同测点初始几何缺陷大小不同，在加载的初始阶段，轴向压力-横向位移曲线呈现直线或曲线，初始几何缺陷小者为直线，初始几何缺陷大者为曲线；随着轴向压力的增加，不同测点的横向位移沿原来的方向增大，当荷载

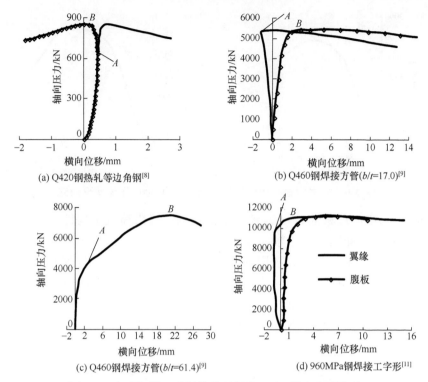

图 3-8　高强钢轴心受压构件的轴向压力-横向位移曲线

到达 *A* 点时，一个测点的变形突然改变方向，其横向位移开始减小，或虽不改变方向，但其横向位移突然增大，轴向压力-横向位移曲线的斜率突然减小，此时板件开始出现局部屈曲，其对应的荷载即为屈曲荷载；*A* 点之后，随着轴向压力的不断增大，局部屈曲继续发展，直到到达极限荷载 *B* 点，此时构件达到极限状态；*B* 点之后，随着横向位移的增大，轴向压力逐渐减小，曲线出现下降段，表明构件丧失承载能力。

图 3-9 为高强钢轴心受压构件的轴向压力-轴向压缩变形曲线。图 3-9(a) 是 Q550 钢焊接方管的曲线[12]，图 3-9(b) 是 Q690 钢焊接圆管的曲线[10]。与图 3-8 曲线的特点类似，也分为上升段和下降段。在加载的初始阶段，轴向压力-轴向压缩变形曲线近似为直线；当轴向压力增大到一定阶段，钢板发生屈曲，曲线的斜率逐渐减小，轴向压缩变形增加快于轴向压力的增加，呈现出曲线；随着轴向压力继续增大，轴向压缩变形也不断增大，直到到达极值点；极值点之后，曲线进入下降段，随着轴向压缩变形的增大，轴向压力不断减小。与图 3-8 中曲线不同的是极值点之后，曲线下降得更快一些。

上述曲线反映了两个重要的强度指标，一个是局部屈曲荷载，另一个是极限荷载。局部屈曲荷载是板件在外荷载作用下开始屈曲所对应的荷载，即图 3-8

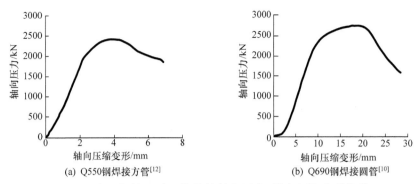

(a) Q550钢焊接方管[12]　　　　　　　(b) Q690钢焊接圆管[10]

图 3-9　高强钢轴心受压构件的轴向压力-轴向压缩变形曲线

中轴向压力-横向位移曲线 A 点所对应的荷载。极限荷载是构件发生局部屈曲的极限承载力，即图 3-8 中轴向压力-横向位移曲线 B 点所对应的荷载。无论采用试验还是有限元分析，极限荷载都很容易由荷载-变形曲线求得，但当荷载-变形曲线为光滑的弧线时，如图 3-8(d)中的腹板，局部屈曲荷载并不容易得到。此时，局部屈曲荷载也可由图 3-10 所示高强钢轴心受压构件的轴向压力-平面应变曲线的反转点来确定，即反转点所对应的荷载即为局部屈曲荷载。

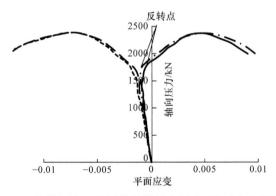

图 3-10　高强钢轴心受压构件的轴向压力-平面应变曲线[12]

图 3-8 中由 A 点到 B 点增加的承载力即为板件屈曲后强度。板件屈曲后强度的大小与板件的宽厚比有密切的关系。一般的，板件宽厚比越小，屈曲后强度就越小。例如，图 3-8(b)中试件板件宽厚比为 17.0，小于我国规范 GB 50017—2003 规定的限值(表 3-1) $40\varepsilon = 40\sqrt{235/460} \approx 28.6$，板件在局部屈曲后基本达到了极限承载力；而图 3-8(c)中试件板件宽厚比为 61.4，大于 28.6，板件在屈曲后还可以承担很大荷载，有很高的屈曲后强度。

2. 极限承载力的主要影响因素

相比于局部屈曲荷载，高强钢轴心受压构件局部屈曲的极限承载力更具有意义。与普通钢轴心受压构件类似，高强钢轴心受压构件发生局部屈曲时的极限承载力的主要影响因素有板件宽厚比或钢管径厚比、初始几何缺陷幅值和残余应力。

　　1) 板件宽厚比或钢管径厚比

　　图 3-11 汇总了部分不同强度等级、不同截面形式的高强钢轴心受压构件局部屈曲极限承载力随板件宽厚比或钢管径厚比变化情况。图 3-11 中数据来源于不同文献资料的试验结果或有限元分析结果。

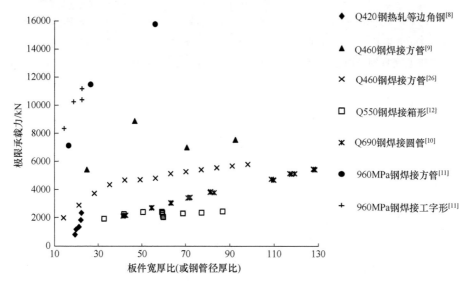

图 3-11　高强钢轴心受压构件局部屈曲极限承载力随板件宽厚比或钢管径厚比的变化情况

　　由图 3-11 可知总体变化趋势：随着板件宽厚比或钢管径厚比的增大，局部屈曲极限承载力增大。但极限承载力的增大也可能是截面的增大或钢材屈服强度的提高引起的。为了消除这些因素的影响，极限承载力常采用局部屈曲极限应力与钢材屈服强度的比值 σ_u / f_y (即无量纲极限承载力)来表示。

　　图 3-12～图 3-15 分别为不同强度等级、不同截面形式的高强钢轴心受压构件局部屈曲无量纲极限承载力 σ_u / f_y 随板件 $b/t\sqrt{f_y/235}$ 或钢管 $D/t\sqrt{f_y/235}$ 的变化情况。考虑钢材等级的影响，图 3-12～图 3-15 中横坐标采用板件宽厚比 b/t 或钢管径厚比 D/t 除以钢材屈服强度因子 $\sqrt{235/f_y}$，即 $b/t\sqrt{f_y/235}$ 或 $D/t\sqrt{f_y/235}$。需要说明的是，图 3-14 将 Q460 钢焊接工字形截面轴心受压构件翼缘和腹板的无量纲极限承载力分开表示，其余各图的无量纲极限承载力均为整个构件的极限承载力。

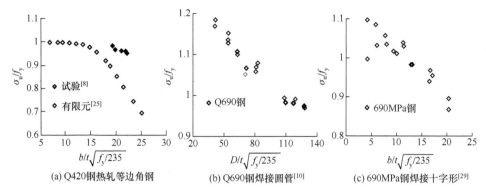

(a) Q420钢热轧等边角钢　　　(b) Q690钢焊接圆管[10]　　　(c) 690MPa钢焊接十字形[29]

图 3-12　Q420 钢热轧等边角钢、Q690 钢焊接圆管和 690MPa 钢焊接十字形轴心受压构件的局部屈曲无量纲极限承载力 σ_u / f_y 随板件 $b/t\sqrt{f_y/235}$ 或钢管 $D/t\sqrt{f_y/235}$ 变化情况

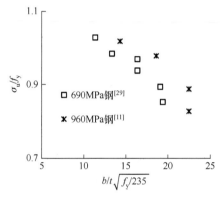

图 3-13　690MPa 钢和 960MPa 钢焊接工字形轴心受压构件的局部屈曲无量纲极限承载力 σ_u / f_y 随翼缘 $b/t\sqrt{f_y/235}$ 变化情况

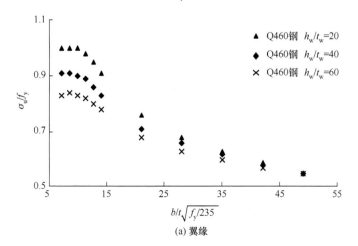

(a) 翼缘

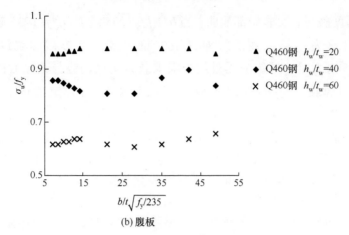

(b) 腹板

图 3-14　Q460 钢焊接工字形轴心受压构件的局部屈曲无量纲极限承载力 $\sigma_{\mathrm{u}} / f_{\mathrm{y}}$ 随翼缘
$b / t \sqrt{f_{\mathrm{y}} / 235}$ 变化情况[23]

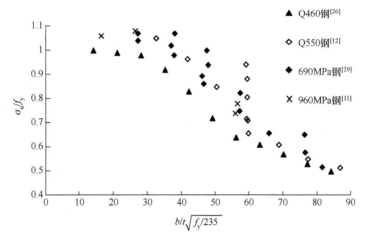

图 3-15　Q460 钢、Q550 钢、690MPa 钢和 960MPa 钢焊接箱形轴心受压构件的局部屈曲
无量纲极限承载力 $\sigma_{\mathrm{u}} / f_{\mathrm{y}}$ 随翼缘 $b / t \sqrt{f_{\mathrm{y}} / 235}$ 变化情况

　　由图 3-12～图 3-15 可知，随着板件 $b / t \sqrt{f_{\mathrm{y}} / 235}$ 或钢管 $D / t \sqrt{f_{\mathrm{y}} / 235}$ 的增大，局部屈曲无量纲极限承载力减小。当 $b / t \sqrt{f_{\mathrm{y}} / 235}$ 或 $D / t \sqrt{f_{\mathrm{y}} / 235}$ 小于某一值时，其对局部屈曲无量纲极限承载力的影响很小，$\sigma_{\mathrm{u}} / f_{\mathrm{y}}$ 值大于或接近于 1。但当 $b / t \sqrt{f_{\mathrm{y}} / 235}$ 或 $D / t \sqrt{f_{\mathrm{y}} / 235}$ 大于某一值时，随着 $b / t \sqrt{f_{\mathrm{y}} / 235}$ 或 $D / t \sqrt{f_{\mathrm{y}} / 235}$ 的增大，无量纲极限承载力有较为明显的降低，$\sigma_{\mathrm{u}} / f_{\mathrm{y}}$ 值小于 1。这主要是当 $b / t \sqrt{f_{\mathrm{y}} / 235}$ 或 $D / t \sqrt{f_{\mathrm{y}} / 235}$ 的值小于某一值时，高强钢轴心受压构

件将发生强度破坏，而非局部屈曲；当 $b/t\sqrt{f_y/235}$ 或 $D/t\sqrt{f_y/235}$ 超过某一值时，构件才会发生局部屈曲。对 Q460 钢焊接工字形截面翼缘，当翼缘 $b/t\sqrt{f_y/235}$ 增大时，翼缘的无量纲极限承载力变化趋势与其他截面相同；但对 Q460 钢焊接工字形截面腹板，当腹板高厚比为定值时，随着翼缘 $b/t\sqrt{f_y/235}$ 增大，腹板的无量纲极限承载力基本保持不变，文献[23]的研究表明其变化范围小于 15%。另外，文献[23]的研究表明，当翼缘的宽厚比不变时，腹板高厚比对翼缘局部屈曲极限承载力的影响也较小，其变化范围在 20%以内。其中，当翼缘宽厚比较小时，腹板高厚比影响较大。

2) 初始几何缺陷幅值

施刚等[23]研究了 Q460 钢焊接工字形截面翼缘初始几何缺陷幅值对轴心受压构件局部屈曲极限承载力的影响。文献[23]中 11 个短柱，翼缘厚均为 14mm，腹板厚均为 10mm，腹板高厚比均为 20，翼缘宽厚比为 5～35，构件长度 240～1188mm。这 11 个构件，仅改变翼缘初始几何缺陷幅值，其他参数均相同。翼缘初始几何缺陷幅值分别取翼缘悬伸宽度 b_1 的 1/200、1/500 和 1/25，其对应的极限应力分别为 σ_{u0}、σ_{u1} 和 σ_{u2}。其中，初始几何缺陷幅值为 $b_1/200$ 的构件为标准构件。初始几何缺陷幅值为 $b_1/500$ 和 $b_1/25$ 构件的极限应力与标准构件的极限应力 σ_{u0} 的比值 σ_{u1}/σ_{u0} 和 σ_{u2}/σ_{u0} 见表 3-2。由表 3-2 可以看出，σ_{u1}/σ_{u0} 的变化范围为 1.00～1.10，平均值为 1.03，标准差为 4%，说明翼缘初始几何缺陷幅值由 $b_1/200$ 减小至 $b_1/500$，极限应力平均增大 3%；σ_{u2}/σ_{u0} 的变化范围为 0.85～0.97，平均值为 0.90，标准差为 5%，说明翼缘初始几何缺陷幅值由 $b_1/200$ 增大至 $b_1/25$，极限应力平均减小 10%。因此，翼缘初始几何缺陷幅值对翼缘局部屈曲极限承载力的影响较小。

表 3-2　初始几何缺陷幅值对 Q460 钢焊接工字形截面轴心受压构件
局部屈曲极限承载力的影响

构件	σ_{u1}/σ_{u0}	σ_{u2}/σ_{u0}	构件	σ_{u1}/σ_{u0}	σ_{u2}/σ_{u0}	备注
IZ-1-20	1.01	0.92	IZ-7-20	1.07	0.91	
IZ-2-20	1.02	0.88	IZ-8-20	1.01	0.93	
IZ-3-20	1.03	0.85	IZ-9-20	1.01	0.95	
IZ-4-20	1.05	0.85	IZ-10-20	1.00	0.96	参考文献 [23]
IZ-5-20	1.08	0.85	IZ-11-20	1.00	0.97	
IZ-6-20	1.10	0.85				
σ_{u1}/σ_{u0} 的最大值为 1.10，最小值为 1.00，平均值为 1.03，标准差为 4%；σ_{u2}/σ_{u0} 的最大值为 0.97，最小值为 0.85，平均值为 0.90，标准差为 5%						

　　张勇等[25]研究了初始几何缺陷幅值对 Q420 钢热轧等边角钢轴心受压构件局部屈曲极限承载力的影响。文献 [25] 取短柱截面 L125mm×8mm、L140mm×10mm、L160mm×10mm、L180mm×12mm 和 L200mm×14mm 等 5 种，构件长细比为 10。局部初始几何缺陷幅值分别为 $b/100$、$b/250$ 和 $b/50(b$ 为角钢肢宽)，极限应力分别为 σ_{u0}、σ_{u1} 和 σ_{u2}，标准构件的初始几何缺陷幅值为 $b/100$。σ_{u1}/σ_{u0} 和 σ_{u2}/σ_{u0} 的值列于表 3-3，σ_{u1}/σ_{u0} 的平均值为 1.032，σ_{u2}/σ_{u0} 的平均值为 0.913。由此可知，随着初始几何缺陷幅值的减小，构件的极限承载力提高；相反，随着初始几何缺陷幅值的增大，构件的极限承载力降低。与初始几何缺陷幅值为 $b/100$ 的屈曲极限承载力相比，初始几何缺陷为 $b/250$ 的屈曲极限承载力平均高 3.2%，而初始几何缺陷为 $b/50$ 的屈曲极限承载力平均低 8.7%。因此，初始几何缺陷幅值对 Q420 钢热轧等边角钢轴心受压构件局部屈曲极限承载力的影响不大。

表 3-3　初始几何缺陷幅值对 Q420 钢热轧等边角钢轴心
受压构件局部屈曲极限承载力的影响

构件	σ_{u1}/σ_{u0}	σ_{u2}/σ_{u0}	构件	σ_{u1}/σ_{u0}	σ_{u2}/σ_{u0}	备注
L125mm×8mm	1.042	0.903	L180mm×12mm	1.030	0.917	
L140mm×10mm	1.015	0.932	L200mm×14mm	1.019	0.920	参考文献 [25]
L160mm×10mm	1.052	0.895				
σ_{u1}/σ_{u0} 的最大值为 1.052，最小值为 1.015，平均值为 1.032，标准差为 1.6%；σ_{u2}/σ_{u0} 的最大值为 0.932，最小值为 0.895，平均值为 0.913，标准差为 1.5%						

　　施刚等[26]研究了局部初始几何缺陷幅值对 Q460 钢焊接方管轴心受压构件局部屈曲极限承载力的影响。13 个短柱板件厚度均为 10mm，板件宽厚比为 10～70，构件长度为 1.2 倍板件净宽。标准组构件局部初始几何缺陷幅值为 $b/200(b$ 为板件的宽度)，局部屈曲极限应力为 σ_{u0}，另外两组构件初始几何缺陷幅值分别为 $b/500$ 和 $b/50$，极限应力分别为 σ_{u1} 和 σ_{u2}。σ_{u1}/σ_{u0} 和 σ_{u2}/σ_{u0} 的值见表 3-4。由表 3-4 可知，当初始几何缺陷幅值减小时，构件的局部屈曲极限应力略微增大，应力比 σ_{u1}/σ_{u0} 最大偏差不超过 6%；当初始几何缺陷幅值增大时，构件局部屈曲极限应力减小，应力比 σ_{u2}/σ_{u0} 最大偏差可达 14%，但仅限于板件宽厚比 20～30 的构件有大于 10% 的偏差[26]。因此，初始几何缺陷幅值的减小影响很小，初始几何缺陷幅值的增大对于板件宽厚比为 20～30 的构件有一定不利影响。

表 3-4　初始几何缺陷幅值对 Q460 钢焊接方管轴心受压构件局部屈曲极限承载力的影响

构件	σ_{u1}/σ_{u0}	σ_{u2}/σ_{u0}	构件	σ_{u1}/σ_{u0}	σ_{u2}/σ_{u0}	备注
Z-460-1	1.01	0.97	Z-460-8	1.02	0.97	
Z-460-2	1.01	0.95	Z-460-9	1.00	0.96	
Z-460-3	1.02	0.89	Z-460-10	1.00	0.98	
Z-460-4	1.05	0.86	Z-460-11	1.00	0.98	参考文
Z-460-5	1.05	0.87	Z-460-12	1.00	1.00	献[26]
Z-460-6	1.06	0.92	Z-460-13	1.00	1.00	
Z-460-7	1.03	0.95				

σ_{u1}/σ_{u0} 的最大值为 1.06，最小值为 1.00，平均值为 1.02，标准差为 2.2%；σ_{u2}/σ_{u0} 的最大值为 1.00，最小值为 0.86，平均值为 0.95，标准差为 4.1%

综上所述，不管是高强钢热轧等边角钢构件，还是高强钢焊接工字形或焊接方管截面构件，在大部分情况下，初始几何缺陷幅值对局部屈曲极限承载力影响都较小；对板件宽厚比为 20~30 的焊接方管，初始几何缺陷幅值对局部屈曲极限承载力有一定不利影响。需要指出的是这些构件在有限元模拟中板件的初始几何缺陷幅值为板件宽度的 1/500~1/25，当考虑残余应力时，初始几何缺陷幅值的取值偏大。

3) 残余应力

为了研究残余应力峰值对高强钢轴心受压构件局部屈曲极限承载力的影响，张勇等[25]用 ANSYS 有限元软件计算了 Q420 钢热轧等边角钢构件残余应力取不同峰值时的极限承载力。计算中采用角钢截面典型的残余应力分布模式，残余拉、压应力峰值相同。计算结果见表 3-5。表 3-5 中，0.2、0.25 和 0.3 表示残余拉、压应力峰值 σ_r 和钢材屈服强度 f_y 的比值分别为 0.2、0.25 和 0.3；$P_{u0.2}/P_{u0.25}$ 表示残余应力峰值为 $0.2f_y$ 和 $0.25f_y$ 时的极限承载力之比；$P_{u0.3}/P_{u0.25}$ 表示残余应力峰值为 $0.3f_y$ 和 $0.25f_y$ 时的极限承载力之比。由表 3-5 可知，残余应力峰值的变化对 Q420 钢热轧等边角钢轴心受压构件局部屈曲极限承载力的影响很小。这可能是角钢残余应力峰值本身较小的缘故。

表 3-5　残余应力对 Q420 钢热轧等边角钢轴心受压构件局部屈曲极限承载力的影响

角钢截面/(mm×mm)	不同 σ_r/f_y 值的极限承载力 P_u/kN			$\dfrac{P_{u0.2}}{P_{u0.25}}$	$\dfrac{P_{u0.3}}{P_{u0.25}}$
	0.2	0.25	0.3		
L125×8	773.91	772.19	770.22	1.002	0.997
L140×10	1107.96	1105.94	1105.40	1.002	1.000
L160×10	1226.42	1224.56	1221.00	1.002	0.997
L180×12	1687.29	1684.59	1681.50	1.002	0.998
L200×14	2207.43	2206.44	2203.2	1.000	0.999

施刚等[26]研究了残余应力对 Q460 钢焊接方管轴心受压构件局部屈曲极限承载力的影响。分别取残余压应力值为标准组残余压应力值 1.5 倍和 0.5 倍的试件组与标准组进行比较，其他参数均相同。计算结果表明，当残余压应力值增大时，试件组的局部屈曲极限应力略微减小，应力比最大偏差不超过 6%；当残余压应力值减小时，试件组的局部屈曲极限应力增大，应力比最大偏差可达 11%，但仅限于宽厚比为 35～40 的试件有较大偏差。因此，残余压应力增大的影响很小，残余压应力减小对于宽厚比为 35～40 的试件有一定的有利影响。但是，当焊脚尺寸、钢材等级确定时，高强钢焊接方管的残余拉应力基本为定值；残余压应力的大小与板件的宽厚比有关。当板件的宽厚比为定值时，残余压应力为定值，不可以任意增大或减小。因此，此结论是否有参考价值值得探讨。

魏言磊等[10]通过对比 Q690 钢焊接圆管在考虑残余应力和不考虑残余应力两种情况下的局部屈曲极限承载力(见表 3-6，其中 P_{u1} 为不考虑残余应力时的极限承载力，P_{u2} 为考虑残余应力时的极限承载力)发现，残余应力会导致模型的极限承载力降低，但影响较小，极限承载力降低最大百分比为 1.38%。主要原因是这批试件破坏时的极限应力均较高，接近 2/3 的试件极限应力大于钢材屈服强度，其余 1/3 试件的极限应力接近于屈服强度，试件大多发生强度破坏，而非局部屈曲。

表 3-6 残余应力对 Q690 钢焊接圆管轴心受压构件局部屈曲极限承载力的影响

圆管截面/(mm×mm)	极限承载力/kN		$(P_{u2}-P_{u1})/P_{u1}$/%
	P_{u1}	P_{u2}	
Φ140×6	1855.8	1839	−0.91
Φ180×6	2410	2396.7	−0.55
Φ210×6	2830	2813.2	−0.59
Φ240×6	3231.4	3212	−0.6
Φ270×6	3641	3625.6	−0.42
Φ360×6	4828.8	4762.4	−1.38
Φ390×6	5226.2	5184	−0.81
Φ420×6	5602.3	5551.2	−0.91

另外，由 2.2 节知，Q420 钢热轧等边角钢的残余应力峰值和 Q235 钢热轧角钢的峰值相差不多；对高强钢热轧 H 型钢，其残余应力分布模式也采用 Q235 钢的残余应力分布模式。同时，考虑到局部屈曲极限应力比较接近钢材的屈服强度。因此，对于高强钢热轧型钢构件，残余应力对其局部屈曲极限承载力的

影响不大。

对于高强钢焊接工字形、箱形构件，正如文献[10]的研究结果，残余应力对其局部屈曲极限承载力的影响较小。

3. 局部屈曲荷载的主要影响因素

与普通钢轴心受压构件相同，影响高强钢轴心受压构件局部屈曲荷载的主要因素有板件宽厚比、板件间约束、初始几何缺陷幅值和残余应力峰值。考虑到这些因素对局部屈曲荷载和对极限承载力的影响相差不大，下面只给出结论，不再详述。

板件的宽度、厚度和长度都会影响局部屈曲荷载，但影响比较大的因素是板件的宽厚比。一般的，随着板件宽厚比的增大，局部屈曲荷载增大，局部屈曲应力却减小。

板件之间的约束作用可通过宽厚比来反映。在外压力的作用下，宽厚比较大的板件趋于先失稳，宽厚比较小的板件后失稳，后者会对前者起约束作用。

初始几何缺陷幅值增大对局部屈曲荷载有一定的不利影响，尤其是对宽厚比较大的薄壁板件。

残余压应力峰值增大会降低局部屈曲荷载。

4. 板件屈曲后强度

板件屈曲后强度的大小可以用局部屈曲应力和极限应力之比(即 σ_{cr}/σ_u)来反映。图 3-16 给出 Q460 钢和 960MPa 钢焊接方管轴心受压构件的局部屈曲应力和极限应力之比 σ_{cr}/σ_u 随板件 $b/t\sqrt{f_y/235}$ 变化情况。由图 3-16 可以看出，随着板件 $b/t\sqrt{f_y/235}$ 的增大，σ_{cr}/σ_u 减小，表明当钢材等级一定时，宽厚比越大，局部屈曲应力和极限应力相差越大，即屈曲后强度越大。相反，当板件宽厚比小到某一值时，σ_{cr}/σ_u 的值接近于 1，表示构件无屈曲后强度。

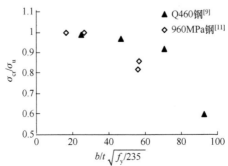

图 3-16　Q460 钢和 960MPa 钢焊接方管轴心受压构件的 σ_{cr}/σ_u 随板件 $b/t\sqrt{f_y/235}$ 变化情况

3.2 高强钢受弯构件的局部稳定

3.2.1 试验方案

高强钢受弯构件的截面多采用焊接工字形截面和焊接箱形截面。用于研究高强钢受弯构件局部稳定的试件，其板件宽厚比需大于表 3-7 中的限值。

表 3-7 高强钢受弯构件板件宽厚比限值

规范		美国规范 ANSI/AISC 360-16	欧洲规范 EN 1993-1-1	我国标准 GB 50017—2017
焊接工字形	翼缘	$0.95\sqrt{k_c E / f_L}$	14ε	15ε
	腹板	$5.70\sqrt{E / f_y}$	124ε	124ε
焊接箱形	翼缘	$1.49\sqrt{E / f_y}$	42ε	42ε
	腹板	$5.70\sqrt{E / f_y}$	124ε	124ε

注：$\varepsilon = \sqrt{235 / f_y}$；$E$ 为钢材的弹性模量；f_y 为钢材的屈服强度；k_c 为板的屈曲系数；f_L 为参数，对薄柔腹板工字形截面构件及 $S_{xt} / S_{xc} \geqslant 0.7$ 的厚实、非厚实腹板焊接工字形截面构件绕强轴弯曲，$f_L = 0.7 f_y$，对 $S_{xt} / S_{xc} < 0.7$ 的厚实、非厚实腹板焊接工字形截面构件绕强轴弯曲，$f_L = f_y S_{xt} / S_{xc} \geqslant 0.5 f_y$，$S_{xt}$ 和 S_{xc} 分别为受拉和受压翼缘的弹性截面模量。

高强钢受弯构件在外荷载作用下发生局部屈曲，可能仅翼缘发生屈曲，也可能仅腹板发生屈曲，还可能翼缘和腹板同时屈曲。仅翼缘发生屈曲的情况与轴心受压构件翼缘相同，故只需研究后两种屈曲时的情况。

针对后两种屈曲形式，改变高强钢受弯构件翼缘和腹板的宽厚比来设计试件以确保发生预期的破坏形式。根据不同的腹板受力状态，需进行高强钢受弯构件抗弯试验、抗剪试验以及弯矩和剪力共同作用下的试验。

1. 抗弯试验

高强钢受弯构件抗弯试验的加载装置如图 3-17 所示。试件为四点加载简支梁，在三分点处采用分配梁施加集中荷载。为了使试件在纯弯曲区段发生破坏，相邻的弯剪区段需增加腹板的厚度。同时，为了防止构件发生整体失稳，在其上翼缘设有足够侧向支撑。

高强钢受弯构件抗弯试验测点布置如图 3-18 所示。为了测得跨中的竖向挠度，在此截面的下翼缘处布置 1 个位移计。同时，在靠近上翼缘附近的腹板上布置 2 个位移计，以测得腹板发生屈曲变形时的平面外位移。另外，在受压

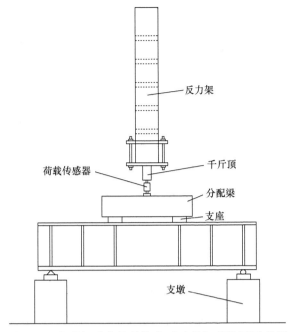

图 3-17　高强钢受弯构件抗弯试验的加载装置示意图

翼缘和腹板上布置足够多的应变片，以捕捉它们各自的屈曲和截面塑性发展的程度；在下翼缘板中点可布置少量应变片，以观测其应力发展情况。需要说明的是，图 3-18 仅给出沿试件截面高度方向位移计和应变片的布置，截面上的布置位置和数量还需结合试件的截面形状确定。

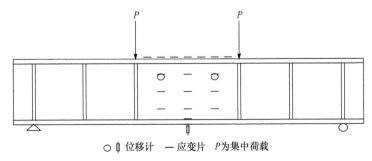

○ ⇕ 位移计　— 应变片　P 为集中荷载

图 3-18　高强钢受弯构件抗弯试验测点布置示意图

2. 抗剪试验

高强钢受弯构件抗剪试验的加载装置如图 3-19 所示。试件为三点加载简支梁，集中荷载作用在跨中，其测点布置如图 3-20 所示。位移计布置在跨中和腹板的中点，跨中的位移计用于测量竖向挠度，腹板中点处的位移计用于测量腹板平面外

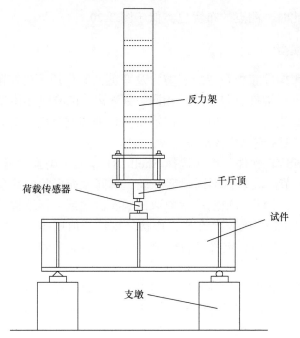

图 3-19　高强钢受弯构件抗剪试验的加载装置示意图

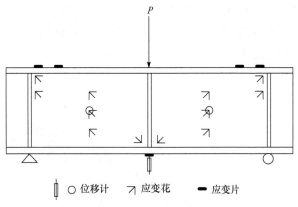

图 3-20　高强钢受弯构件抗剪试验测点布置示意图

的变形。应变花沿腹板斜对角线布置，测量腹板的应变。在梁的上、下翼缘布
置应变片测量各自的应变。同样，在梁的侧向设有足够支撑，以保证仅发生局
部屈曲。

3. 弯剪共同作用下的试验

高强钢受弯构件在弯矩和剪力共同作用下的试验仍然可采用图 3-19 所示

的加载装置。此时，测点的布置也类似于图 3-20。

3.2.2　有限元模型

　　高强钢受弯构件腹板在弯矩、剪力及弯剪共同作用下的有限元模型相同。与高强钢轴心受压构件有限元模型相同，受弯构件的有限元模型也要考虑几何非线性和材料非线性，以及板件的初始几何缺陷和残余应力的影响，可采用有限元软件 ABAQUS 或 ANSYS 来完成。

　　若采用 ANSYS 软件，单元选择 Shell 181 单元。高强钢材料的应力-应变模型见 1.3.1 小节。高强钢不同强度等级、不同截面形状的残余应力分布模型见 2.2～2.5 节。初始几何缺陷的幅值取试验实测值或《钢结构工程施工质量验收规范》GB 50205—2001 允许值，形状采用特征值屈曲分析的第一阶屈曲模态。在 ANSYS 软件中，定义材料模型、施加残余应力和初始几何缺陷的方法同 3.1.2 小节。

　　荷载、边界条件和支撑的模拟不同于高强钢轴心受压构件。在集中荷载作用处施加线性均布荷载或均布位移。以图 3-20 中的荷载和边界条件为例，左端支座处所有节点，约束 x、y、z 三个方向的平移，即 $U_x=U_y=U_z=0$；右端支座处所有节点，约束 x、y 方向的平移，即 $U_x=U_y=0$。上翼缘跨中所有节点，施加较大的沿 y 方向的位移。另外，在上翼缘设有足够侧向支撑，也就是有足够多的节点，约束 x 方向的平移，即 $U_x=0$。图 3-21 为高强钢受弯构件荷载、边界条件和支撑的有限元模拟。此处，x 轴和 y 轴分别为截面的水平轴和竖轴，z 轴为构件长度方向。

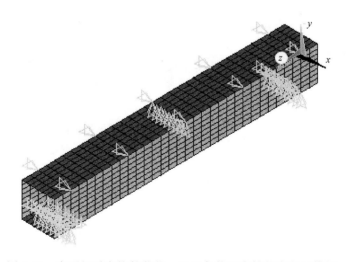

图 3-21　高强钢受弯构件荷载、边界条件和支撑的有限元模拟

3.2.3　高强钢受弯构件局部屈曲的性能

高强钢受弯构件局部屈曲的研究较少。徐克龙等[30]对比了美国规范 ANSI/AISC 360-10、欧洲规范 EN 1993-1、日本规范 AIJ LSD 2010 和我国规范 GB 50017—2003 关于工字形截面受弯构件局部稳定的一些规定，采用 ANSYS 软件建立四点加载下的工字形截面受弯构件模型，计算了 Q235、Q460 及 Q690 钢构件的腹板屈曲后极限承载力，并与上述规范进行比较，发现它们均不适用于高强度钢受弯构件局部稳定的计算。段兰等[31,32]和王春生等[33]采用试验和有限法研究了高性能混合梁的抗弯性能。其中，翼缘采用 HPS 485W 钢(名义屈服强度为 485MPa)，腹板采用 Q235、Q345 和 Q420 钢。梁为三点加载梁或四点加载梁。翼缘的宽厚比在 4.92～8.33 变化，腹板的高厚比在 30.12～46.67 变化，截面属于厚实或非厚实截面。潘永杰等[34]则评估了 Q500qE 高性能钢梁的塑性水平和安全储备，未涉及屈曲问题。在文献[31]～[33]中，虽然试件最终破坏形态为最大弯矩作用处受压翼缘和(或)受压区腹板的局部屈曲，但由于梁的截面均为厚实和非厚实截面，因此它们主要侧重于研究高强钢梁的塑性发展。段兰等[35]对 4 个 Q420qD 高强钢焊接工字钢梁腹板的抗剪屈曲性能进行了试验研究，分析了腹板高厚比、翼缘约束效应、剪跨比等关键参数对高强钢工字钢梁抗剪性能的影响规律，研究了 Q420qD 钢腹板的剪切破坏机理及抗剪极限承载能力。其中，翼缘宽厚比为 4.50 和 5.63，腹板高厚比为 95 和 125，属于厚实翼缘和薄柔腹板截面。

基于已有的研究得到高强钢受弯构件局部屈曲的受力性能。

1. 荷载-变形曲线

高强钢受弯构件发生局部屈曲时的荷载-变形曲线通常采用弯矩-转角曲线或剪力-跨中挠度曲线。图 3-22 是文献[32]和[33]中部分高强钢受弯构件的无量纲弯矩-无量纲转角曲线。图 3-22 中，M 为最大弯矩，M_p 为塑性弯矩，θ 为梁两端转角平均值，θ_p 为塑性转角。由图 3-22 可知高强钢厚实和非厚实截面梁的抗弯破坏过程：在加载初期，截面处于弹性阶段，试验梁的无量纲弯矩-无量纲转角曲线呈线性变化。随着无量纲弯矩的增加，试验梁截面部分屈服，进入了弹塑性阶段，此时无量纲弯矩-无量纲转角曲线呈非线性变化。当最大弯矩达到 M_p 时，截面出现塑性铰，试验梁端转角随着弯矩的增大而快速增长，塑性区沿跨度方向不断扩展，直到试验梁达到极限弯矩。试验梁达到极限弯矩后，梁端转角继续增加，而承载能力却缓慢下降导致弯矩减小，直到再次卸载至塑性弯矩，试验梁丧失承载能力，最终遭到破坏。这时，可观察到明显的塑性区。

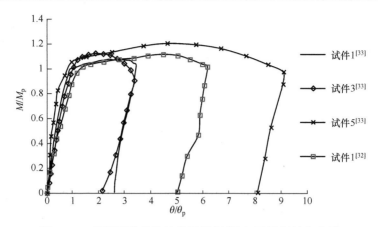

图 3-22　高强钢受弯构件的无量纲弯矩-无量纲转角曲线

图 3-23 是段兰等[35]测得的高强钢受弯构件的剪力-跨中挠度曲线。由图 3-23 可以看出，当剪力比较小时，剪力-跨中挠度曲线为线性关系，梁处于弹性阶段；当剪力增加到某一值时，腹板在主压应力作用下发生屈曲变形，并沿主拉应力方向形成拉力场，此时，剪力缓慢增加，跨中挠度增大得更快，剪力-跨中挠度曲线呈现出非线性关系；随着剪力的继续增大，腹板在拉力场作用下逐渐屈服，而受压翼缘则在弯曲压应力作用下屈服；当拉力场区域完全屈服时，梁达到极限剪切强度；随后，腹板剪切屈曲变形不断增大，促使端加劲肋截面附近的上翼缘发生局部屈曲而失去对腹板的约束作用，导致梁跨中挠度迅速增大，剪力缓慢下降。

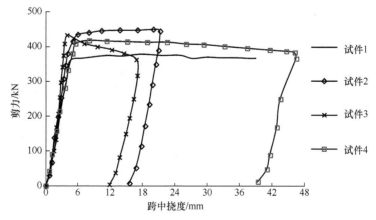

图 3-23　高强钢受弯构件的剪力-跨中挠度曲线[35]

2. 极限承载力的主要影响因素

已有研究仅限于高强钢受弯构件局部屈曲的初步研究，缺乏深入系统的研究。根据经验，影响高强钢受弯构件局部屈曲极限承载力的主要因素有板件宽厚比、初始几何缺陷和残余应力。

当高强钢受弯构件的截面为厚实和非厚实截面时，其破坏形态为塑性屈曲，板件宽厚比和初始几何缺陷对极限承载力影响较大，随着板件宽厚比或初始几何缺陷幅值的增大，极限承载力降低。残余应力对承载力几乎无影响。

当高强钢受弯构件的截面为薄柔截面时，其破坏形态为弹性屈曲。对于高强钢受弯构件的受压翼缘，板件宽厚比、初始几何缺陷和残余应力对其影响与高强钢轴心受压构件翼缘相同。对于高强钢受弯构件，当腹板主要受弯曲正应力时，由于截面部分受拉部分受压，板件宽厚比、初始几何缺陷和纵向残余应力对其极限弯矩的影响较小；当腹板主要受剪应力时，板件宽厚比、初始几何缺陷和横向残余应力对极限承载力影响较大。

3.3　高强钢压弯构件的局部稳定

高强钢压弯构件翼缘的局部稳定与高强钢轴心受压构件相同，而高强钢压弯构件腹板的局部稳定缺乏相关研究。因此，本节仅给出试验方案和有限元模型。

3.3.1　试验方案

高强钢压弯构件的截面有焊接工字形、焊接箱形和焊接圆管。它们的板件宽厚比限值见表 3-8。用于高强钢压弯构件局部稳定研究的试件，其板件宽厚比要大于表 3-8 中的值。

表 3-8　高强钢压弯构件板件宽厚比限值

规范		欧洲规范 EN 1993-1-1	我国标准 GB 50017—2017
焊接 工字形	翼缘	14ε	15ε
	腹板	当 $\psi > -1$ 时，$\dfrac{42\varepsilon}{0.67+0.33\psi}$； 当 $\psi \leqslant -1$ 时，$62\varepsilon(1-\psi)\sqrt{(-\psi)}$	$(45+25\alpha_0^{1.66})\varepsilon$
焊接箱形	翼缘	42ε	45ε
	腹板	当 $\psi > -1$ 时，$\dfrac{42\varepsilon}{0.67+0.33\psi}$； 当 $\psi \leqslant -1$ 时，$62\varepsilon(1-\psi)\sqrt{(-\psi)}$	$(45+25\alpha_0^{1.66})\varepsilon$
焊接圆管		$90\varepsilon^2$	$100\varepsilon^2$

注：ψ 为板件边缘最大拉应力和压应力之比，压为正，拉为负；$\varepsilon = \sqrt{235/f_y}$；$\alpha_0$ 为应力梯度。

试件的长细比小于等于 10，以确保局部屈曲发生。试验测量的数据、所用仪器、测点布置及加载方式与高强钢轴心受压构件的局部稳定相同。图 3-24 是高强钢压弯构件局部稳定试验的加载装置示意图。两端采用单刀口支座来模拟铰接，试件采用偏心加载。

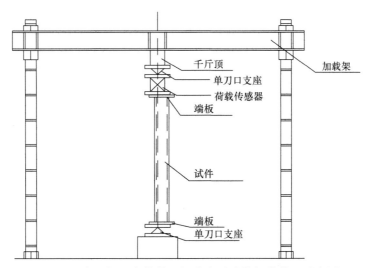

图 3-24　高强钢压弯构件局部稳定试验的加载装置示意图

3.3.2　有限元模型

与高强钢轴心受压构件局部屈曲相比，高强钢压弯构件局部屈曲的不同之处在于构件为偏心加载。因此，高强钢压弯构件局部屈曲有限元模型也需考虑材料非线性和几何非线性及板件的初始几何缺陷和残余应力的影响。有限元模型所采用的单元类型、材料模型的定义、板件的初始几何缺陷的形式和大小、残余应力的分布模式、单元网格的划分及板件的初始几何缺陷和残余应力的施加方法均与高强钢轴心受压构件的局部屈曲相同。此处，有限元模型仅给出二者的不同之处。但由于荷载和边界条件是息息相关的，因此下面给出荷载和边界条件的施加。

对两端铰接的偏心受压构件，需将偏心荷载等效成轴心荷载 P 和两端等弯矩 M_x，如图 3-25 所示。图 3-25 中，l 为构件的长度；y 和 z 表示坐标轴。

3.1.2 小节高强钢轴心受压构件两端铰接的模拟方法同样适用于高强钢偏心受压构件。因此，高强钢偏心受压构件荷载和边界条件的模拟可采用以下两种方法：

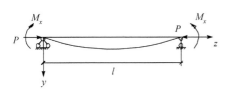

图 3-25　高强钢偏压构件等效荷载和弯矩

方法一：端板上施加荷载和边界条件[16,18]。构件两端设端板，分别耦合端板上处于同一水平线上所有节点沿三个方向的平移自由度，使其有相同的位移，主节点为同一水平线上的中节点。对始端，即 $z=0$ 时，约束所有主节点 x、y 方向的线位移，即 $U_x=U_y=0$；约束截面中线上主节点 z 方向的线位移，即 $U_z=0$；在截面中线主节点作用绕 x 轴的弯矩为 $-M_x$。对终端，即 $z=l$ 时，约束所有主节点 x、y 方向的线位移，即 $U_x=U_y=0$；在截面中线主节点作用沿 z 轴方向的荷载为 $-P$ 和绕 x 轴的弯矩为 M_x。图 3-26 是采用方法一施加的端部荷载和边界条件。

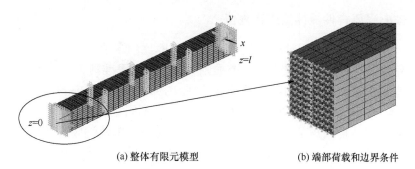

(a) 整体有限元模型　　　　　　　(b) 端部荷载和边界条件

图 3-26　采用方法一施加的端部荷载和边界条件

方法二：生成刚性面或设刚性端板，在刚性面形心或刚性端板中心施加边界条件和荷载[19-22]。为便于施加约束和防止构件在集中荷载作用处发生局部破坏，网格划分时保证截面中心产生节点，并把该中心节点作为主节点，通过执行 CERIG 命令将端面其他节点自由度与主节点自由度进行耦合，使构件两端生成刚性面，如图 3-27(a)。设刚性端板与此方法类似，只不过是以端板中心为主节点，将端板上其他节点自由度耦合于主节点。此外，也可以直接假定端板

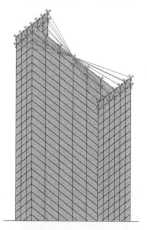

(a) 构件端面耦合生成刚性面　　　　　　　(b) 端部荷载和边界条件

图 3-27　构件端面耦合生成刚性面及采用方法二施加的端部荷载和边界条件

是刚性的[36,37]，即设端板材料有一个很大的弹性模量。当 $z=0$ 时，对主节点，$U_x=U_y=U_z=\mathrm{Rot}_z=0$，并且在主节点作用绕 x 轴的弯矩为 $-M_x$。当 $z=l$ 时，对主节点，$U_x=U_y=\mathrm{Rot}_z=0$，且在主节点作用沿 z 轴方向的荷载为 $-P$、绕 x 轴的弯矩为 M_x。图 3-27(b)为采用方法二施加的端部荷载和边界条件。

3.4　高强钢构件板件宽厚比限值

3.4.1　轴心受压构件板件宽厚比限值

表 3-1 给出的高强钢轴心受压构件板件宽厚比的限值是各规范基于普通钢材的研究结果，其值的确定依照两个准则：一个是屈服准则，一个是等稳准则。美国规范 ANSI/AISC 360-16 和欧洲规范 EN 1993-1-1 采用前者，而我国规范 GB 50017—2003 和我国标准 GB 50017—2017 对不同截面采用了不同准则。对于热轧单角钢，我国规范 GB 50017—2003 认为热轧单角钢肢件较厚不会出现局部屈曲，故无规定。我国标准 GB 50017—2017 增加了 Q460 钢，高强钢热轧单角钢可能会出现局部稳定，其板件宽厚比限值采用两个准则，短杆采用屈服准则，中长杆采用等稳准则。GB 50017—2003、GB 50017—2017 对焊接截面的规定相同，对焊接工字形截面均采用等稳准则，对焊接箱形截面和焊接圆管均采用屈服准则。

等稳准则是板件临界应力不低于杆件的临界应力[27,28]，与构件的长细比有关。研究表明，短杆发生局部屈曲时，其屈曲临界应力与杆件的长度无关。因此，对短杆来说，按屈服准则来确定板件的宽厚比限值更为合理。

屈服准则要求板件临界应力不低于所用钢材的屈服强度[27,28]，即

$$\sigma_{\mathrm{cr,p}} = \frac{\chi k \pi^2 E}{12(1-\nu^2)}\left(\frac{t}{b}\right)^2 \geqslant f_{\mathrm{y}} \tag{3-3}$$

式中，$\sigma_{\mathrm{cr,p}}$ 为板件屈曲临界应力；χ 为板件相关屈曲的嵌固系数；k 为板件屈曲系数，四边简支板 $k=4$，三边简支、一边自由板 $k=0.425$；E 为弹性模量；ν 为泊松比，$\nu=0.3$；b 和 t 分别为板件的宽度和厚度；f_{y} 为钢材的屈服强度。

由式(3-3)得

$$b/t \leqslant 0.95\sqrt{\chi k(E/f_{\mathrm{y}})} \tag{3-4}$$

式(3-4)与表 3-1 美国规范 ANSI/AISC 360-16 给出的宽厚比限值在表达形式上类似，只是系数不同。

热轧单角钢肢件和焊接工字形截面翼缘均为三边简支、一边自由板，$k=0.425$。不考虑板件之间的约束作用，即 $\chi=1$。将它们代入式(3-4)，得

$$b/t \leqslant 18.3\sqrt{235/f_{\text{y}}} \tag{3-5}$$

考虑到初始几何缺陷和残余应力的影响，陈绍蕃[27,28]将 18.3 降为 15，即

$$b/t \leqslant 15\sqrt{235/f_{\text{y}}} = 15\varepsilon \tag{3-6}$$

焊接工字形截面腹板和焊接箱形截面壁板相同，均可看作四边简支板，$k=4$，代入式(3-4)，得

$$b/t \leqslant 56.3\sqrt{235/f_{\text{y}}} \tag{3-7}$$

考虑到初始几何缺陷和残余应力的不利影响，除以系数 1.25，得

$$b/t \leqslant 45\sqrt{235/f_{\text{y}}} = 45\varepsilon \tag{3-8}$$

陈绍蕃[27,28]取为 42ε。

RASMUSSEN 等[5]试验研究了 18 个名义屈服强度为 690MPa 钢焊接箱形、十字形和工字形截面短柱的局部稳定，认为 1990 版的澳大利亚规范 AS 4100 中普通钢宽厚比的限值同样适用于高强钢，并提出宽厚比的限值。

对两边支承板，如箱形截面，当截面残余压应力大于等于 40MPa 时，其宽厚比限值为

$$b/t \leqslant 35\sqrt{250/f_{\text{y}}} \tag{3-9}$$

当截面残余压应力小于 40MPa 时，式(3-9)中的系数 35 改为 40。

对一边支承板，如十字形截面，当截面残余压应力大于等于 40MPa 时，其宽厚比限值为

$$b/t \leqslant 14\sqrt{250/f_{\text{y}}} \tag{3-10}$$

当截面残余压应力小于 40MPa 时，式(3-10)中的系数 14 改为 15。

比较上述不同文献提出的板件宽厚比限值和表 3-1 欧洲规范 EN 1993-1-1 给出的宽厚比限值发现，二者相差并不大。欧洲规范 EN 1993-1-1 给出的宽厚比限值可以用于高强钢热轧单角钢、焊接工字形和焊接箱形截面轴心受压构件。

为了比较，表 3-9 给出目前应用较多的 Q460 钢和 Q690 钢轴心受压构件在三种不同规范中的宽厚比限值。未加括号的数据为 Q460 钢，括号内的数据为 Q690 钢。需要说明的是，美国规范 ANSI/AISC 360-16 中焊接工字形翼缘宽厚比的限值考虑了腹板高厚比的影响，屈曲系数 k_{c} 是变量，其变化范围为 $0.35 \leqslant k_{\text{c}} \leqslant 0.76$，表 3-9 在计算时取其平均值 0.56。我国标准 GB 50017—2017 中焊接工字形截面板件宽厚比的限值与长细比有关，故表 3-9 未给出其值。分析表 3-9 中的数据可知，三种规范的限值大同小异：欧洲规范 EN 1993-1-1 和

美国规范 ANSI/AISC 360-16 除了热轧单角钢相差较大外，其他截面相差不大；我国标准 GB 50017—2017 对热轧单角钢的规定与欧洲规范 EN 1993-1-1 相同，对焊接箱形截面的规定比较接近欧洲规范 EN 1993-1-1，对焊接圆管的规定则比较接近美国规范 ANSI/AISC 360-16。

表 3-9　Q460 钢(Q690 钢)轴心受压构件板件宽厚比限值

规范		美国规范 ANSI/AISC 360-16	欧洲规范 EN 1993-1-1	我国标准 GB 50017—2017
热轧单角钢		9.5(7.8)	10.7(8.8)	10.7(8.8)
焊接 工字形	翼缘	10.1(8.2)	10.0(8.2)	—
	腹板	31.5(25.7)	30.0(24.5)	—
焊接箱形		31.5(25.7)	30.0(24.5)	28.6(23.3)
焊接圆管		49.3(32.8)	46.0(30.7)	51.1(34.1)

实际上，由 3.1.3 小节知，对高强钢轴心受压构件，随着板件宽厚比的减小，局部屈曲应力和极限应力的比值 σ_{cr}/σ_u 逐渐增大；当宽厚比小到某一值时，σ_{cr}/σ_u 接近于 1，此时板件的宽厚比即为宽厚比的限值。那么，屈服准则也可以表达如下：

$$\sigma_{cr} = \sigma_u \geqslant f_y \tag{3-11}$$

试验和有限元法均可以得到高强钢轴心受压构件局部屈曲的极限应力 σ_u。此应力已考虑构件的初始几何缺陷和残余应力的影响，不必再除以缺陷系数。

图 3-28～图 3-30 给出不同等级高强钢不同截面按照式(3-11)确定的板件宽厚比限值和三种规范限值的比较结果。图中的数据点来自不同文献资料，或者为试验结果，或者为有限元结果。根据式(3-11)，当 $\sigma_u/f_y \geqslant 1$ 时，板件的 $b/t\sqrt{f_y/235}$ 小于等于某一值；当 $\sigma_u/f_y < 1$ 时，$b/t\sqrt{f_y/235}$ 则大于某一值。该值则为板件宽厚比的限值，也就是 $\sigma_u/f_y = 1$ 对应的值。由于表达内容较多，图 3-28～图 3-30 并未给出具体等级钢材、截面根据式(3-11)确定的板件宽厚比限值，但这并不影响与三种规范的比较结果。图 3-28～图 3-30 中横坐标为 $b/t\sqrt{f_y/235}$，已消除钢材强度的影响。因此，当截面形状相同时，对于不同强度等级的高强钢，三种规范的限值基本相同。例如，焊接箱形截面，美国规范 ANSI/AISC 360-16、欧洲规范 EN 1993-1-1 和我国标准 GB 50017—2017 给出的限值分别是 44、42 和 40(图 3-29)。

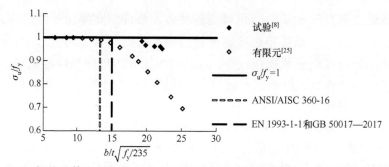

图 3-28　Q420 钢热轧等边角钢按 $\sigma_u/f_y=1$ 确定的板件宽厚比限值与三种规范限值的比较结果

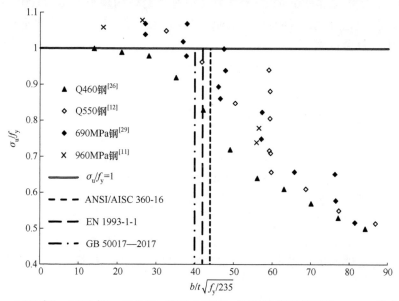

图 3-29　Q460 钢、Q550 钢、690MPa 钢和 960MPa 钢焊接箱形截面按 $\sigma_u/f_y=1$ 确定的板件
宽厚比限值与三种规范限值的比较结果

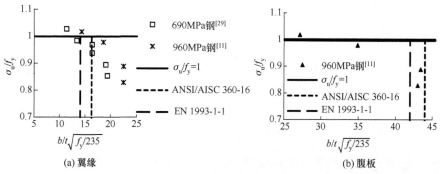

图 3-30　690MPa 钢和 960MPa 钢焊接工字形截面按 $\sigma_u/f_y=1$ 确定的板件宽厚比限值
与三种规范限值的比较结果

　　由数据点和直线 $\sigma_\mathrm{u}/f_\mathrm{y}=1$ 可确定各种截面板件的宽厚比限值,再与规范限值比较。对比发现,高强钢焊接箱形截面研究数据较多,由式(3-11)确定的板件宽厚比限值与规范限值吻合较好;高强钢热轧等边角钢和焊接工字形截面翼缘,二者也吻合较好,但研究数据偏少;高强钢焊接工字形截面腹板,数据点更少,二者相差较大。

　　魏言磊等[10]研究了 Q690 钢圆管轴心受压构件的局部屈曲,并与我国规范 GB 50017—2003、我国《架空送电线路杆塔结构设计技术规定》DL/T 5154—2002、美国规范 ANSI/AISC 360-10、美国《钢管杆设计规定》ASCE /SEI 48—2005、欧洲规范 Eurocode 3 及澳大利亚《钢结构规范》AS 4100—1990 相比较,发现上述规范对 Q690 高强钢圆管来说较为保守,已经不再适用,建议其径厚比的限值放宽至

$$D/t \leqslant 0.16E/f_\mathrm{y} \tag{3-12}$$

　　对 Q690 钢,按式(3-12)计算,得出的限值是 47.8;美国规范 ANSI/AISC 360-16,限值为 32.8;欧洲规范 EN 1993-1-1 和我国标准 GB 50017—2017,限值则分别为 30.7 和 34.1。由此可见,三种规范给出的限值相差不大,但式(3-12)计算结果与三种规范限值却相差较大。对于高强钢焊接圆管短柱局部屈曲研究较少,不能确定式(3-12)是否适用于其他种类的高强钢。

　　综上所述,大多数研究结果表明,高强钢轴心受压构件板件宽厚比可采用美国规范 ANSI/AISC 360-16、欧洲规范 EN 1993-1-1 和我国标准 GB 50017—2017 给出的限值,但也有少量研究认为已有规范不适用于高强钢轴心受压构件。在缺乏足够研究的情况下,建议高强钢轴心受压构件板件宽厚比采用已有规范的限值。

3.4.2　受弯和压弯构件板件宽厚比限值

　　高强钢受弯、压弯构件的翼缘可看作是均匀受压板件,其宽厚比的限值和高强钢轴心受压构件板件宽厚比限值的确定方法相同,依然根据屈服准则确定。

　　高强钢受弯、压弯构件的腹板受力比较复杂,处于非均匀压应力和剪应力的联合作用下,其屈曲的临界应力为

$$\sigma_{\mathrm{cr,p}} = k\frac{\pi^2 E}{12(1-\nu^2)}\left(\frac{t_\mathrm{w}}{h_\mathrm{w}}\right)^2 \tag{3-13}$$

式中,h_w 和 t_w 分别为腹板的高度和厚度;k 为腹板的屈曲系数。

　　在弹性阶段屈曲时,屈曲系数 k 与腹板所受的最大正应力、剪应力和应力

梯度有关；在弹塑性阶段屈曲时，k 除了与上述三个因素有关外，还与钢材的切线模量有关。

同样，按照屈服准则：

$$\sigma_{\mathrm{cr,p}} = k\frac{\pi^2 E}{12(1-v^2)}\left(\frac{t_{\mathrm{w}}}{h_{\mathrm{w}}}\right)^2 \geqslant f_{\mathrm{y}} \tag{3-14}$$

可以得到其高厚比限值。

目前高强钢受弯、压弯构件板件宽厚比的限值研究资料比较少。如果不考虑腹板对翼缘的约束作用，表 3-7 和表 3-8 中高强钢受弯、压弯构件翼缘宽厚比的限值取高强钢轴心受压构件的限值是没有问题的，但如果考虑约束作用，这样取值就不合理了。受弯和压弯构件腹板的应力分布远不同于轴心受压构件的腹板，其对翼缘的约束作用也会改变。表 3-7 和表 3-8 中高强钢受弯、压弯构件腹板高厚比的限值取值需进一步研究验证。

3.5　高强钢轴心受压构件板件屈曲后强度

板件屈曲后强度与局部-整体相关屈曲强度是两个不同的概念。很多文献资料将其混为一个概念，这是不正确的。虽然二者有共性，但实质上并不相同。板件屈曲后强度表现为局部屈曲破坏，其公式是以全截面屈服为基础进行折减，而局部-整体相关屈曲强度则表现为局部屈曲破坏和整体屈曲破坏之间的相关性，其公式是以构件整体稳定公式为基础进行折减。因此，本书将这两部分内容分开介绍。本章介绍高强钢构件板件屈曲后强度，第 5 章介绍高强钢构件局部-整体相关屈曲强度。

由图 3-12～图 3-15 知，当高强钢轴心受压构件板件宽厚比的值大于表 3-1 中的限值时，其局部屈曲极限应力 σ_{u} 达不到 f_{y}。定义比值 $\rho = \sigma_{\mathrm{u}} / f_{\mathrm{y}}$。该定义式可改写为 $\rho = \sigma_{\mathrm{u}} A / f_{\mathrm{y}} A = P_{\mathrm{u}} / P_{\mathrm{y}}$，因此 ρ 称为强度折减系数；也可以改写为 $\rho = \sigma_{\mathrm{u}} A / f_{\mathrm{y}} A = f_{\mathrm{y}} A_{\mathrm{e}} / f_{\mathrm{y}} A = A_{\mathrm{e}} / A = b_{\mathrm{e}} / b$，因此 ρ 也称为有效截面系数或有效宽度系数。这种计算方法称为有效宽度法。

美国规范 ANSI/AISC 360、欧洲《钢结构设计规范》EN 1993-1-5(简称欧洲规范 EN 1993-1-5)和我国标准 GB 50017—2017 对板件屈曲后强度的规定均为有效宽度法，但有效宽度系数的取值并不相同。

3.5.1　美国规范 ANSI/AISC 360 对轴心受压构件屈曲后强度的规定

美国规范 ANSI/AISC 360-05[38]和 ANSI/AISC 360-10[39]均采用强度折减系

数 Q 来代替 ρ ，即局部屈曲极限应力 $\sigma_u = Q f_y$ 。

强度折减系数 $Q = Q_s Q_a$ 。其中， Q_s 为非加劲板的折减系数； Q_a 为加劲板的折减系数。

对热轧单角钢， $Q_a = 1$ ， $Q = Q_s$ 。

当 $b/t \leqslant 0.45\sqrt{E/f_y}$ 时：

$$Q_s = 1.0 \tag{3-15a}$$

当 $0.45\sqrt{E/f_y} < b/t \leqslant 0.91\sqrt{E/f_y}$ 时：

$$Q_s = 1.34 - 0.76\left(\frac{b}{t}\right)\sqrt{\frac{f_y}{E}} \tag{3-15b}$$

当 $b/t > 0.91\sqrt{E/f_y}$ 时：

$$Q_s = \frac{0.53E}{f_y\left(\dfrac{b}{t}\right)^2} \tag{3-15c}$$

式中，b 为较大肢件的总宽度；t 为肢件的厚度。

施刚等[8]和张勇等[25]分别将 Q420 钢热轧等边角钢的试验结果和有限元分析结果与美国规范 ANSI/AISC 360-05，即式(3-15a)～式(3-15c)的计算结果进行比较。文献[8]结果表明，试验结果均比式(3-15a)～式(3-15c)计算结果大，最大偏差为 28.24%，最小偏差为 13.85%，平均偏差为 20.99%，美国规范 ANSI/AISC 360-05 偏于保守。文献[25]研究表明，有限元计算结果均大于 ANSI/AISC 360-05 和 Eurocode 3 的曲线，但 ANSI/AISC 360-05 曲线与有限元计算结果的差距相对较小，故建议采用 ANSI/AISC 360-05 的计算方法。

对焊接工字形截面， $Q = Q_s Q_a$ ， Q_s 为翼缘的折减系数， Q_a 为腹板的折减系数。

当 $b/t \leqslant 0.64\sqrt{Ek_c/f_y}$ 时：

$$Q_s = 1.0 \tag{3-16a}$$

当 $0.64\sqrt{Ek_c/f_y} < b/t \leqslant 1.17\sqrt{Ek_c/f_y}$ 时：

$$Q_s = 1.415 - 0.65\left(\frac{b}{t}\right)\sqrt{\frac{f_y}{Ek_c}} \tag{3-16b}$$

当 $b/t > 1.17\sqrt{Ek_c/f_y}$ 时：

$$Q_s = \frac{0.90Ek_c}{f_y\left(\dfrac{b}{t}\right)^2} \qquad\qquad (3\text{-}16c)$$

焊接工字形腹板的折减系数为

$$Q_a = \frac{A_e}{A} \qquad\qquad (3\text{-}17)$$

式中，A 为毛截面面积；A_e 为基于有效宽度 b_e 的有效截面面积。

有效宽度 b_e 为

$$b_e = 1.92t\sqrt{\frac{E}{f_y}}\left(1 - \frac{0.34}{(b/t)}\right)\sqrt{\frac{E}{f_y}} \leqslant b \qquad\qquad (3\text{-}18)$$

施刚等[23]对 460MPa 高强钢焊接工字形截面轴心受压构件的局部屈曲性能进行有限元参数分析，并将分析结果与美国规范 ANSI/AISC 360-10，即式(3-16a)～式(3-16c)的计算结果相比较。结果表明，美国规范 ANSI/AISC 360-10 在翼缘宽厚比较大时安全，在翼缘宽厚比较小时偏于不安全。同时，根据有限元结果提出了 460MPa 高强钢焊接工字形截面翼缘局部屈曲强度折减系数计算公式：

当 $\overline{\lambda}_{pf} \leqslant 0.576$ 时：

$$Q_s = 1.0 \qquad\qquad (3\text{-}19a)$$

当 $0.576 < \overline{\lambda}_{pf} \leqslant 0.968$ 时：

$$Q_s = \frac{0.75}{\overline{\lambda}_{pf}} - \frac{0.1}{\overline{\lambda}_{pf}^2} \qquad\qquad (3\text{-}19b)$$

当 $\overline{\lambda}_{pf} > 0.968$ 时：

$$Q_s = 0.75 - 0.085\overline{\lambda}_{pf} \qquad\qquad (3\text{-}19c)$$

式中，$\overline{\lambda}_{pf}$ 为翼缘的正则化宽厚比，$\overline{\lambda}_{pf} = \sqrt{\dfrac{f_y}{\sigma_{cr}}} = \dfrac{b/t}{28.4\sqrt{235/f_y}\sqrt{0.425}} = \dfrac{b/t}{28.4\varepsilon\sqrt{0.425}}$。

施刚等[11]将 960MPa 钢焊接工字形截面的试验结果与美国规范 ANSI/AISC 360-10 比较发现，ANSI/AISC 360-10 计算得到的试件极限应力与试验值很接近，最大正偏差为 3%，最大负偏差为 4%，平均偏差为−1.5%，标准差为 3.1%，且大部分计算值小于试验值。

对焊接箱形截面，$Q = Q_a$。Q_a 仍然按式(3-17)计算。腹板的有效宽度 b_e 由式(3-18)计算，翼缘的有效宽度计算如下：

$$b_e = 1.92t\sqrt{\frac{E}{f_y}}\left(1 - \frac{0.38}{(b/t)}\right)\sqrt{\frac{E}{f_y}} \leqslant b \tag{3-20}$$

采用美国规范 ANSI/AISC 60-05 和 ANSI/AISC 360-10，即式(3-17)、式(3-18)和式(3-20)，施刚等[9,26]计算了 Q460 钢焊接箱形截面轴心受压构件的局部屈曲极限应力，并与试验结果、有限元结果比较。对比发现，美国规范 ANSI/AISC 360-05 和 ANSI/AISC 360-10 略偏不安全。根据试验结果和有限元计算结果，文献[26]提出了 Q460 钢焊接箱形截面轴心受压构件的局部屈曲强度折减系数计算公式：

$$Q_a = \frac{0.8}{\overline{\lambda}_p} - \frac{0.15}{\overline{\lambda}_p^2} \tag{3-21}$$

式中，$\overline{\lambda}_p$ 为箱形截面板件的正则化宽厚比，$\overline{\lambda}_p = \sqrt{\dfrac{f_y}{\sigma_{cr}}} = \dfrac{b/t}{28.4\varepsilon\sqrt{4}}$。

但是，施刚等[11]将 960MPa 钢焊接箱形截面轴心受压构件的试验结果与规范 ANSI/AISC 360-10 比较发现，规范 ANSI/AISC 360-10 计算值与试验值之比在 0.92～1.06 变化，二者吻合很好。

对焊接圆管，$Q = Q_a$。

当 $D/t \leqslant 0.11E/f_y$ 时：

$$Q_a = 1.0 \tag{3-22a}$$

当 $0.11E/f_y < D/t < 0.45E/f_y$ 时：

$$Q_a = \frac{0.038E}{f_y(D/t)} + \frac{2}{3} \tag{3-22b}$$

魏言磊等[10]采用试验和有限元法研究了 Q690 钢焊接圆管轴心受压构件的局部屈曲极限应力，并与美国《钢管杆设计规定》ASCE /SEI 48—2005 比较，并未直接验证式(3-22a)～式(3-22b)，但提出强度折减系数 Q_a 为

当 $D/t \leqslant 0.16E/f_y$ 时：

$$Q_a = 1.0 \tag{3-23a}$$

当 $0.16E/f_y < D/t \leqslant 0.27E/f_y$ 时：

$$Q_a = \frac{0.026E}{f_y(D/t)} + 0.835 \tag{3-23b}$$

美国规范 ANSI/AISC 360-16[1]对上述公式进行了修正，统一采用有效截

面。对于热轧单角钢、焊接工字形和焊接箱形截面，有效宽度计算如下：

当 $\lambda \leqslant \lambda_r \sqrt{\dfrac{f_y}{F_{cr}}}$ 时：

$$b_e = b \tag{3-24a}$$

当 $\lambda > \lambda_r \sqrt{\dfrac{f_y}{F_{cr}}}$ 时：

$$b_e = b\left(1 - c_1 \sqrt{\frac{F_{el}}{F_{cr}}}\right)\sqrt{\frac{F_{el}}{F_{cr}}} \tag{3-24b}$$

$$c_2 = \frac{1 - \sqrt{1 - 4c_1}}{2c_1} \tag{3-25}$$

$$F_{el} = \left(c_2 \frac{\lambda_r}{\lambda}\right)^2 f_y \tag{3-26}$$

式中，λ 为板件的宽厚比；λ_r 为板件宽厚比的限值；F_{cr} 为构件的临界应力；c_1 和 c_2 为有效宽度缺陷调整系数，其值见表 3-10；F_{el} 为弹性局部屈曲应力。

表 3-10 有效宽度缺陷调整系数

薄柔板件	c_1	c_2
加劲板，但不包括方形和矩形空心截面板件	0.18	1.31
方形和矩形空心截面板件	0.20	1.38
其他板件	0.22	1.49

与 ANSI/AISC 360-05、ANSI/AISC 360-10 不同，美国规范 ANSI/AISC 360-16 有两点较大的变化：一是公式(3-24)的临界点 $\lambda_r \sqrt{f_y / F_{cr}}$ 不仅与板件的宽厚比(体现在 λ_r 的计算公式中)有关，而且与构件的长细比有关(体现在 F_{cr} 的计算公式中)；二是有效宽度公式(3-24b)中，最大的应力是构件的临界应力 F_{cr}，而不是 f_y。

式(3-24a)、式(3-24b)是否适用于高强钢轴心受压构件，还未见报道。

美国规范 ANSI/AISC 360-16 改变了焊接圆管有效截面的表达形式：

当 $D/t \leqslant 0.11E/f_y$ 时：

$$A_e = A \tag{3-27a}$$

当 $0.11E/f_y < D/t < 0.45E/f_y$ 时：

$$A_{e} = \left[\frac{0.038E}{f_{y}(D/t)} + \frac{2}{3} \right] A \qquad (3\text{-}27\text{b})$$

3.5.2　欧洲规范 EN 1993-1-5 对轴心受压构件屈曲后强度的规定

欧洲规范 EN 1993-1-5[40]中，轴心受压构件局部屈曲极限应力用有效宽度系数 ρ 表达，即 $\sigma_{u} = A_{e}f_{y} / A = \rho f_{y}$。

有效宽度系数 ρ 按下列公式计算。

对热轧单角钢肢件、焊接工字形截面翼缘：

当 $\overline{\lambda}_{p} \leqslant 0.748$ 时：

$$\rho = 1.0 \qquad (3\text{-}28\text{a})$$

当 $\overline{\lambda}_{p} > 0.748$ 时：

$$\rho = \frac{\overline{\lambda}_{p} - 0.188}{\overline{\lambda}_{p}^{2}} \qquad (3\text{-}28\text{b})$$

式中，$\overline{\lambda}_{p} = \sqrt{\dfrac{f_{y}}{\sigma_{cr}}} = \dfrac{b/t}{28.4\varepsilon\sqrt{0.43}}$。

对焊接工字形截面腹板、焊接箱形截面板件：

当 $\overline{\lambda}_{p} \leqslant 0.673$ 时：

$$\rho = 1.0 \qquad (3\text{-}29\text{a})$$

当 $\overline{\lambda}_{p} > 0.673$ 时：

$$\rho = \frac{\overline{\lambda}_{p} - 0.22}{\overline{\lambda}_{p}^{2}} \qquad (3\text{-}29\text{b})$$

式中，$\overline{\lambda}_{p} = \sqrt{\dfrac{f_{y}}{\sigma_{cr}}} = \dfrac{b/t}{28.4\varepsilon\sqrt{4}}$。

式(3-28a)~式(3-29b)已被高强钢轴心受压构件局部屈曲试验或有限元结果验证。文献[8]的研究表明，Q420 钢热轧等边角钢轴心受压构件局部屈曲的试验结果比欧洲规范 EN 1993-1-5 计算结果偏大，最大偏差为 34.78%，最小偏差为 18.65%，平均偏差为 27.22%。文献[25]研究表明，Q420 钢热轧等边角钢轴心受压构件局部屈曲的有限元结果也高于欧洲规范 EN 1993-1-5 计算结果，欧洲规范 EN 1993-1-5 偏于保守。文献[9]和[26]对 Q460 钢焊接方管轴心受压构件局部屈曲的试验结果与有限元分析结果均表明，欧洲规范 EN 1993-1-5 偏于不安全。文献[23]对 460MPa 高强钢焊接工字形截面轴心受压构件的局部屈曲有限元结果表明，欧洲规范 EN 1993-1-5 在翼缘宽厚比较大时安全，在翼缘宽厚比较小时偏于不安全。文献[11]对 960MPa 钢焊接箱形和焊接工字形截面轴心受压构件的试验结果表明，欧洲规范 EN 1993-1-5 计算得到的极限应力与试验值接近，且大部分小于试验值。

按照欧洲规范 EN 1993-1-5，有效宽度 b_e 为

$$b_e = \rho b \tag{3-30}$$

对均匀受压板件，其有效宽度 b_e 沿板件宽度的分布见图 3-31，$b_{e1} = b_{e2} = 0.5 b_e$。

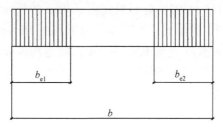

图 3-31　均匀受压板件有效宽度的分布

3.5.3　我国标准 GB 50017—2017 对轴心受压构件屈曲后强度的规定

我国标准 GB 50017—2017[4]中轴心受压构件板件的有效宽度系数 ρ 计算如下。

对焊接箱形截面板件、焊接工字形截面腹板：

当 $b/t \leqslant 42\sqrt{235/f_y}$ 时：

$$\rho = 1.0 \tag{3-31a}$$

当 $b/t > 42\sqrt{235/f_y}$ 时：

$$\rho = \frac{\overline{\lambda}_p - 0.19}{\overline{\lambda}_p^2} \tag{3-31b}$$

式中，$\overline{\lambda}_p = \dfrac{b/t}{56.2\varepsilon}$。

当 $\lambda > 52\sqrt{235/f_y}$ 时：

$$\rho \geqslant (29\sqrt{235/f_y} + 0.25\lambda)t/b \tag{3-32}$$

式中，b 和 t 分别为板件的净宽度和厚度；λ 为构件长细比。

对热轧单角钢：

当 $b/t > 15\sqrt{235/f_y}$ 时：

$$\rho = \frac{\overline{\lambda}_{\mathrm{p}} - 0.1}{\overline{\lambda}_{\mathrm{p}}^2} \tag{3-33}$$

式中，$\overline{\lambda}_{\mathrm{p}} = \dfrac{b/t}{16.8\varepsilon}$；$b$ 为热轧单角钢的平板宽度，不包括弧度。

当 $\lambda > 80\sqrt{235/f_{\mathrm{y}}}$ 时：

$$\rho \geqslant (5\sqrt{235/f_{\mathrm{y}}} + 0.13\lambda)t/b \tag{3-34}$$

我国标准 GB 50017—2017 对有效宽度系数 ρ 的规定在很大程度上与欧洲规范 EN 1993-1-5 相同，但也有不同之处。在我国标准 GB 50017—2017 中，ρ 与构件长细比有关，而欧洲规范 EN 1993-1-5 则与构件长细比无关。

对均匀受压板件，我国标准 GB 50017—2017 有效宽度 b_{e} 的计算及其沿板件宽度的分布与欧洲规范 EN 1993-1-5 相同。

3.6　高强钢压弯构件板件屈曲后强度

对高强钢压弯构件板件屈曲后强度还缺乏研究，但 5.8 节要用到压弯构件板件的有效宽度，本章特增加此节内容。由于美国规范 ANSI/AISC 360-16 无相关规定，故本节仅介绍欧洲规范 EN 1993-1-5 和我国标准 GB 50017—2017 对高强钢压弯构件板件有效宽度的规定。

3.6.1　欧洲规范 EN 1993-1-5 对压弯构件屈曲后强度的规定

欧洲规范 EN 1993-1-5[40]中压弯构件板件的有效宽度系数 ρ 计算如下。

(1) 对焊接工字形截面的腹板、焊接箱形截面的壁板：按内部非均匀受压板件计算，公式为

当 $\overline{\lambda}_{\mathrm{p}} \leqslant 0.673$ 时：

$$\rho = 1.0 \tag{3-35a}$$

当 $\overline{\lambda}_{\mathrm{p}} > 0.673$ 时：

$$\rho = \frac{\overline{\lambda}_{\mathrm{p}} - 0.055(3+\psi)}{\overline{\lambda}_{\mathrm{p}}^2} \leqslant 1.0 \quad 且 \quad (3+\psi) \geqslant 0 \tag{3-35b}$$

式中，ψ 为板件边缘最大拉应力 σ_2 和最大压应力 σ_1（图 3-32）之比，即 $\psi = \sigma_2/\sigma_1$，压为正、拉为负；$\overline{\lambda}_{\mathrm{p}} = \dfrac{b/t}{28.4\varepsilon\sqrt{k_{\sigma}}}$，$k_{\sigma}$ 为与 ψ 有关的屈曲系数，按

表 3-11 取值。

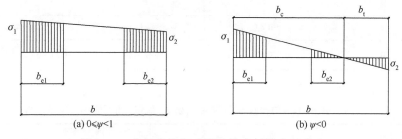

图 3-32　内部非均匀受压板件有效宽度的分布

表 3-11　内部非均匀受压板件屈曲系数 k_σ 的取值

ψ	k_σ	ψ	k_σ
1	4	$(-1,0)$	$7.81-6.29\psi+9.78\psi^2$
$(0,1)$	$8.2/(1.05+\psi)$	-1	23.9
0	7.81	$(-3,-1)$	$5.98(1-\psi)^2$

对焊接工字形截面的腹板、焊接箱形截面的壁板，其有效宽度的分布见图 3-32，分两种情况：

当 $0\leqslant\psi<1$ 时[图 3-32(a)]，有效宽度 b_e 按公式(3-30)计算。此时，b_{e1} 和 b_{e2} 分别为

$$b_{e1}=\frac{2}{5-\psi}b_e \tag{3-36}$$

$$b_{e2}=b_e-b_{e1} \tag{3-37}$$

当 $\psi<0$ 时[图 3-32(b)]，受拉部分全部有效，受压部分的有效宽度 b_e 为

$$b_e=\rho b_c=\rho\frac{b}{1-\psi} \tag{3-38}$$

$$b_{e1}=0.4b_e \tag{3-39}$$

$$b_{e2}=0.6b_e \tag{3-40}$$

(2) 对焊接工字形截面翼缘：按外伸非均匀受压板计算，有效宽度系数按公式(3-28)计算。此时，$\bar{\lambda}_p=\dfrac{b/t}{28.4\varepsilon\sqrt{k_\sigma}}$；$k_\sigma$ 除了与应力比 ψ 有关外，还与板件的应力分布情况有关，其取值分别见表 3-12(最大应力在自由端)和表 3-13(最小应力在自由端)。

表 3-12   外伸非均匀受压板件屈曲系数 k_σ 取值(最大应力在自由端)

ψ	k_σ	ψ	k_σ
1	0.43	−1	0.85
0	0.57	(−3,−1)	$0.57 - 0.21\psi + 0.07\psi^2$

表 3-13   外伸非均匀受压板件屈曲系数 k_σ 取值(最小应力在自由端)

ψ	k_σ	ψ	k_σ
1	0.43	(−1,0)	$1.7 - 5\psi + 17.1\psi^2$
(0,1)	0.578/(0.34+ψ)	−1	23.8
0	1.70		

最大应力 σ_1 在自由端，外伸非均匀受压板件有效宽度的分布如图 3-33 所示，规定板边缘应力 σ_1 和 σ_2 以压为正、拉为负。

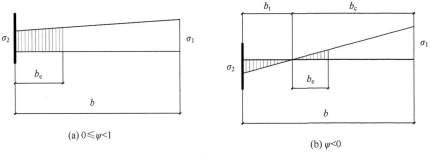

(a) $0 \leqslant \psi < 1$ (b) $\psi < 0$

图 3-33   外伸非均匀受压板件有效宽度的分布(最大应力在自由端)

最小应力 σ_2 在自由端，外伸非均匀受压板件有效宽度的分布如图3-34所示。

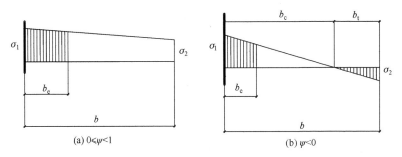

(a) $0 \leqslant \psi < 1$ (b) $\psi < 0$

图 3-34   外伸非均匀受压板件有效宽度的分布(最小应力在自由端)

对这两种情况，当 $0 \leqslant \psi < 1$ 时，有效宽度 b_e 均按公式(3-30)计算；当 $\psi < 0$ 时，有效宽度均按公式(3-38)计算。

3.6.2　我国标准 GB 50017—2017 对压弯构件屈曲后强度的规定

对焊接工字形截面压弯构件，我国标准 GB 50017—2017[4]仅对其腹板有规定，对翼缘无规定。

构件腹板受压区的有效宽度为

$$h_e = \rho h_c \tag{3-41}$$

当 $\overline{\lambda}_p \leqslant 0.75$ 时：

$$\rho = 1.0 \tag{3-42a}$$

当 $\overline{\lambda}_p > 0.75$ 时：

$$\rho = \frac{\overline{\lambda}_p - 0.19}{\overline{\lambda}_p^2} \tag{3-42b}$$

$$\overline{\lambda}_p = \frac{h_w / t_w}{28.1 \varepsilon \sqrt{k_\sigma}} \tag{3-43}$$

$$k_\sigma = \frac{16}{2 - \alpha_0 + \sqrt{\left(2 - \alpha_0\right)^2 + 0.112\alpha_0^2}} \tag{3-44}$$

式中，h_w 为腹板的高度；t_w 为腹板的厚度；h_c 为腹板受压区宽度，当腹板全部受压时，$h_c = h_w$；α_0 为参数。

α_0 由式(3-45)计算：

$$\alpha_0 = \frac{\sigma_{\max} - \sigma_{\min}}{\sigma_{\max}} \tag{3-45}$$

式中，$\sigma_{\max}$ 为腹板计算边缘的最大压应力；$\sigma_{\min}$ 为腹板计算高度另一边缘相应的应力，压应力取正值，拉应力取负值。

腹板有效宽度 h_e 的分布见图 3-35。

当截面全部受压[图 3-35 (a)]，即 $\alpha_0 \leqslant 1$ 时：

$$h_{e1} = 2h_e / (4 + \alpha_0) \tag{3-46}$$

$$h_{e2} = h_e - h_{e1} \tag{3-47}$$

当截面部分受拉[图 3-35 (b)]，即 $\alpha_0 > 1$ 时：

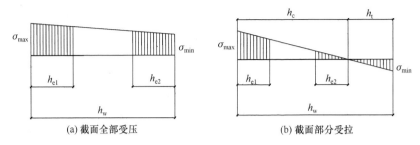

(a) 截面全部受压　　　　　　　　　　　(b) 截面部分受拉

图 3-35　腹板有效宽度的分布

$$h_{e1} = 0.4h_e \qquad\qquad (3\text{-}48)$$

$$h_{e2} = 0.6h_e \qquad\qquad (3\text{-}49)$$

　　对焊接箱形截面压弯构件，我国标准 GB 50017—2017[4]仅对翼缘有规定，对腹板无规定。箱形截面压弯构件的腹板和工字形截面压弯构件腹板的受力与边界条件基本相同，应按相同方法来处理。按照标准 GB 50017—2017，箱形截面压弯构件翼缘的有效宽度及其分布按轴心受压构件的翼缘处理。

　　对比欧洲规范 EN 1993-1-5 和我国标准 GB 50017—2017 发现，二者对工字形截面腹板有效宽度的计算实质是相同的，只是表达形式不同。欧洲规范 EN 1993-1-5 采用应力比表达，我国标准 GB 50017—2017 采用应力梯度来表达。

参 考 文 献

[1] American Institute of Steel Construction. Specification for Structural Steel Buildings：ANSI/AISC 360-16[S]. Chicago: American Institute of Steel Construction, 2016.

[2] European Committee for Standardization. Eurocode 3 — Design of Steel Structures — Part 1-1: General Rules and Rules for Buildings：EN 1993-1-1: 2005[S]. Brussels: European Committee for Standardization, 2005.

[3] 建设部，国家质量监督检验检疫总局. 钢结构设计规范：GB 50017—2003[S]. 北京：中国计划出版社, 2003.

[4] 住房和城乡建设部，国家质量监督检验检疫总局. 钢结构设计标准：GB 50017—2017[S]. 北京：中国建筑工业出版社, 2017.

[5] RASMUSSEN K J R, HANCOCK G J. Plates slenderness limits for high strength steel sections[J]. Journal of Constructional Steel Research, 1992, 23: 73-96.

[6] USAMI T, FUKUMOTO Y. Local and overall buckling of welded box columns[J]. Journal of the Structural Division, ASCE, 1982, 108(ST3)：525-542.

[7] USAMI T, FUKUMOTO Y. Welded box compression members[J]. Journal of Structural Engineering, ASCE, 1984, 110(10)：2457-2470.

[8] 施刚，刘钊，班慧勇，等. 高强度等边角钢轴心受压局部稳定的试验研究[J]. 工程力学, 2011, 28(7): 45-52.

[9] 施刚，林错错，王元清，等. 高强度钢材箱形截面轴心受压短柱局部稳定试验研究[J].

工业建筑, 2012, 42(1): 18-25, 36.

[10] 魏言磊, 郭咏华, 孙清, 等. Q690 高强钢管轴心受压局部稳定性研究[J]. 土木工程学报, 2013, 46(5): 1-12.

[11] 施刚, 林错错, 周文静, 等. 960MPa 高强度钢材轴心受压构件局部稳定试验研究[J]. 建筑结构学报, 2014, 35(1): 126-135.

[12] 舒赣平, 石志响, 李宗京, 等. Q550 高强钢焊接箱形截面轴压构件局部稳定和相关稳定试验研究[J]. 钢结构, 2016, 31(2): 10-23,17.

[13] SHEN H X. Ultimate capacity of welded box section columns with slender plate elements[J]. Steel and Composite Structures, 2012, 13(1): 15-33.

[14] SHEN H X. On the direct strength and effective yield strength method design of medium and high strength steel welded square section columns with slender plate elements[J]. Steel and Composite Structures, 2014, 17(4): 497-516.

[15] 申红侠. 高强度钢焊接方形截面轴心受压构件的局部和整体相关屈曲[J]. 工程力学, 2012, 29(7): 221-227.

[16] SHEN H X. Behavior of high-strength steel welded rectangular section beam-columns with slender webs[J]. Thin-Walled Structures, 2015, 88(3): 16-27.

[17] 申红侠. 宽厚比超限的高强钢方形截面轴心受压构件的极限承载力[J]. 建筑结构, 2012, 42(11): 119-122.

[18] 申红侠. 高强钢焊接薄腹矩形管截面压弯构件平面内的极限承载力[J]. 西安建筑科技大学学报(自然科学版), 2015, 47(5): 642-648.

[19] 申红侠, 刘翔. 高强钢焊接方形截面偏压构件整体和局部相关屈曲承载力分析[J]. 建筑结构, 2014, 44(4): 35-38.

[20] 申红侠, 杨春辉. 高强钢焊接工字形截面压弯构件局部-整体相关屈曲分析[J]. 建筑结构, 2013, 43(22): 33-38.

[21] 申红侠, 赵克祥. Q460 高强钢焊接工字形截面压弯构件局部和整体弯扭相关屈曲有限元分析[J]. 建筑钢结构进展, 2015, 17(4): 1-9,18.

[22] 申红侠, 彭超, 任豪杰. 高强钢方管截面双向压弯构件局部和整体相关屈曲研究[J]. 工业建筑, 2016, 46(7): 41-46, 86.

[23] 施刚, 徐克龙, 林错错. 460MPa 级高强度钢材工字形截面轴心受压柱局部稳定有限元分析和设计方法研究[J]. 工业建筑, 2016, 46(7): 22-31.

[24] 施刚, 刘钊, 张勇, 等. 高强度钢材轴心受压构件局部稳定的有限元分析[J]. 沈阳建筑大学学报(自然科学版), 2010, 26(6): 1046-1051.

[25] 张勇, 施刚, 刘钊, 等. 高强度等边角钢轴心受压局部稳定的有限元分析和设计方法研究[J]. 土木工程学报, 2011, 44(9): 27-34.

[26] 施刚, 林错错, 周文静, 等. 460MPa 高强钢箱形截面轴压柱局部稳定有限元分析和设计方法研究[J]. 工程力学, 2014, 31(5): 128-136.

[27] 陈绍蕃. 轴心压杆板件宽厚比限值的统一分析[J]. 建筑钢结构进展, 2009, 11(5): 1-7.

[28] 陈绍蕃, 王先铁. 单角钢压杆的肢件宽厚比限值和超限杆的承载力[J]. 建筑结构学报, 2010, 31(9): 70-77.

[29] 施刚, 王元清, 石永久. 高强度钢材轴心受压构件的受力性能[J]. 建筑结构学报, 2009,

30(2): 92-97.

[30] 徐克龙, 石永久, 李一昕. 高强度钢材受弯构件局部稳定设计方法对比[J]. 工业建筑, 2016, 46(9): 136-143.

[31] 段兰, 张亮, 王春生, 等. 高强度工字钢梁抗弯性能试验[J]. 长安大学学报(自然科学版), 2012, 32(6): 52-58.

[32] 段兰, 唐友明, 王春生, 等. 混合设计的高性能钢梁抗弯性能试验[J]. 交通运输工程学报, 2014, 14(5): 19-28.

[33] 王春生, 段兰, 王继明, 等. 基于混合设计的高性能钢梁抗弯性能及延性试验[J]. 中国公路学报, 2012, 25(2): 81-89.

[34] 潘永杰, 张玉玲, 田越, 等. Q500qE 高性能钢工型梁极限承载力研究[J]. 中国铁道科学, 2011, 32(3): 16-20.

[35] 段兰, 王春生, 王世超, 等. 高强度工字钢梁腹板抗剪性能试验[J]. 中国公路学报, 2017, 30(3): 65-71.

[36] LIU Y, HUI L B. Finite element study of steel single angle beam-columns[J]. Engineering Structures, 2010, 32: 2087-2095.

[37] SALEM A H. Ultimate section capacity of steel thin-walled I-section beam-columns[J]. Steel and Composite Structures, 2004, 4(5): 367-384.

[38] American Institute of Steel Construction. Specification for Structural Steel Buildings: ANSI/AISC 360-05[S]. Chicago: American Institute of Steel Construction, 2005.

[39] American Institute of Steel Construction. Specification for Structural Steel Buildings: ANSI/AISC 360-10[S]. Chicago: American Institute of Steel Construction, 2010.

[40] European Committee for Standardization. Eurocode 3 — Design of steel structures — Part1-5: Plated structural elements: EN 1993-1-5: 2006[S]. Brussels: European Committee for Standardization, 2006.

第4章　高强钢构件的整体稳定

高强钢构件的整体稳定包括轴心受压构件、受弯构件和压弯构件的整体稳定。目前，对高强钢轴心受压构件的整体稳定研究比较多，而对受弯构件和压弯构件的整体稳定研究相对较少。基于已有的研究，众多研究者提出了高强钢轴心受压、受弯和压弯三种构件整体稳定的设计方法。本章主要介绍此三种高强钢构件的试验方案、有限元模型、整体屈曲性能和设计方法。

4.1　高强钢轴心受压构件的整体稳定

4.1.1　试验方案和有限元模型

为保证发生整体失稳，试验试件和有限元模型中构件的板件宽厚比和构件长细比必须满足一定的条件。板件宽厚比要求小于规范规定的限值，即表 3-1 给出的值。受试验设备的限制，试验试件的长细比一般取 40～80。有限元模拟中构件的长细比可取 20～150，范围要大一些。

试验的加载装置、加载方式和所需的测量仪器同 3.1 节。试验的测量内容有试件的实际几何尺寸、初弯曲、初偏心、轴向的压缩变形、最大挠度、关键位置截面的应变以及极限承载力。

有限元分析需考虑几何非线性和材料非线性，以及构件的初始几何缺陷和残余应力的影响，可以借助大型通用商业软件 ANSYS 或 ABAQUS 来完成。

如果采用 ANSYS 软件，则单元选择 Beam 189 单元。Beam 189 单元是一个 3 节点的空间梁单元，每个节点有 6 个或 7 个自由度。当 KEYOPT(1) = 0 时，为 6 个自由度：沿 x、y、z 三个方向的平移和绕 x 轴、y 轴、z 轴的转动。当 KEYOPT(1) = 1 时，为 7 个自由度：除了上述 6 个自由度外，还有翘曲自由度。Beam 189 单元适用于线性的大转动和大应变的非线性问题，可以考虑初始几何非线性。Beam 189 单元可用于任何截面形状，支持弹性的、徐变的和塑性材料模型，可以考虑钢材的非线性。采用 Beam 189 单元，首先要根据实际尺寸生成梁的横截面。在生成横截面的同时进行单元的划分，单元的数量可以控制。梁横截面上的每一个单元有 4 个高斯积分点。Beam 189 单元沿构件长度方向有 2 个积分点。

　　高强钢材料的应力-应变模型见 1.3.1 小节。ANSYS 软件中材料模型的选取及各参数的输入同 3.1.2 小节。

　　高强钢轴心受压构件的整体稳定分析需要考虑杆件的初始几何缺陷。根据截面几何形状的不同，初始几何缺陷可能是初始弯扭变形，也可能是初弯曲。对热轧单角钢，初始几何缺陷为初始弯扭变形；对焊接工字形、焊接箱形和焊接圆管截面，初始几何缺陷为初弯曲。在考虑残余应力的情况下，初弯曲和初扭转均取正弦半波曲线，幅值取 $l/1000$（l 为构件长度）。建模时施加初弯曲有两种方法：一种是在建立几何模型时直接考虑初弯曲，另一种是通过模态分析施加。后者需先进行模态分析，并提取第一阶屈曲模态，然后用 UPGEOM 命令更新节点坐标，输入初始几何缺陷的幅值。初始弯扭变形的施加，采用第一种方法不容易得到其形状，采用第二种方法比较好。

　　高强钢常见截面的残余应力分布模型见 2.2～2.5 节。采用 Beam 189 单元建模时，需先提取横截面的积分点坐标，根据积分点坐标求出残余应力的值，然后按此值编写初始应力文件 XX.ist，并使用 ISFILE 命令在第一个荷载步第一个子步读入初始应力文件。

　　在有限元建模时，通常假定杆件两端为铰接，如图 4-1 所示。对铰接端的模拟：当 $z=0$ 时，约束 x、y、z 三个方向的平移和绕 y 轴、z 轴的转动，即 $U_x=U_y=U_z=\text{Rot}_y=\text{Rot}_z=0$；当 $z=l$ 时，约束 x、y 方向的平移和绕 y 轴、z 轴的转动，即 $U_x=U_y=\text{Rot}_y=\text{Rot}_z=0$。同时，在 $z=l$ 端施加一个较大的轴向压力或较大的位移。为了得到荷载–位移曲线的下降段，通常采用位移加载。

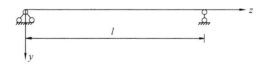

图 4-1　两端铰接杆件

　　利用上述有限元模型，对截面为 400mm×400mm×13mm×21mm 的热轧 H 型钢压杆进行承载力计算，钢材采用 Q235 钢。计算中，材料模型和残余应力分布模型均采用 Q235 钢的数据。表 4-1 为计算的 Q235 钢热轧 H 型钢压杆绕 x 轴、y 轴的稳定系数 φ_x、φ_y 与我国标准 GB 50017—2017 中 b 类截面稳定系数 φ_b 的比较。φ_x、φ_y 均与 φ_b 十分接近，表明计算条件和计算方法正确。

表 4-1　Q235 钢热轧 H 型钢压杆稳定系数计算值与我国标准 GB 50017—2017 的比较

λ	稳定系数 φ_x	稳定系数 φ_y	稳定系数 φ_b	φ_x/φ_b	φ_y/φ_b
20	0.985	0.977	0.970	1.015	1.007
40	0.943	0.906	0.899	1.049	1.008

续表

λ	稳定系数 φ_x	稳定系数 φ_y	稳定系数 φ_b	φ_x/φ_b	φ_y/φ_b
60	0.869	0.799	0.807	1.077	0.990
80	0.767	0.678	0.688	1.115	0.986
100	0.626	0.555	0.555	1.128	1.000
120	0.490	0.443	0.437	1.121	1.014
150	0.339	0.314	0.308	1.101	1.021

4.1.2　高强钢轴心受压构件整体失稳的性能

对高强钢轴心受压构件整体稳定的研究较多[1-26]，范围较广。总体概括起来，钢材包括：Q420、Q460、Q500、Q550、Q620、Q690、Q800、Q890、Q960、S420、S460、S500、S700 和 S960；截面有热轧型钢、焊接工字形、焊接箱形、焊接圆管和冷弯薄壁方管；研究方法：试验和数值模拟。本节基于已有研究成果介绍高强钢轴心受压构件整体失稳的性能。

1. 荷载-变形曲线

高强钢轴心受压构件发生整体失稳时的荷载-变形曲线一般用轴向压力-轴向压缩变形曲线或轴向压力-跨中挠度曲线反映。图 4-2 为高强钢轴心受压构件的轴向压力-跨中挠度(或轴向压缩变形)曲线。

由图 4-2 可知，与普通钢轴心受压构件相同，由于试件存在初弯曲或加载时有初偏心，高强钢轴心受压构件发生弯曲失稳时均为极值点失稳。它的轴向压力-跨中挠度(或轴向压缩变形)曲线分为上升段和下降段,曲线有明显的极值点。由于存在初始几何缺陷，一旦有轴向压力作用，便产生弯曲变形。在加载的初始阶段，构件处于弹性阶段，轴向压力-跨中挠度(或轴向压缩变形)曲线近似为直线段；随着轴向压力的增大，构件进入弹塑性阶段，抗弯刚度下降，跨中挠度或轴向压缩变形的增加快于轴向压力的增加，轴向压力-跨中挠度(或轴向压缩变形)曲线成为曲线，但跨中挠度或轴向压缩变形增大，轴向压力也增大，直至极值点；极值点之后，曲线进入下降段，随着跨中挠度或轴向压缩变形的增大，轴向压力不断减小。图 4-2(c)的起始段呈现出曲线可能是试件两端未顶紧的缘故。比较图 4-2(c)和图 4-2(a)、图 4-2(b)、图 4-2(d)可以看出，试件的轴向压缩变形远远小于跨中挠度。

图 4-2 中曲线极值点所对应的轴向压力就是试件的极限承载力，也是构件整体稳定的承载力。

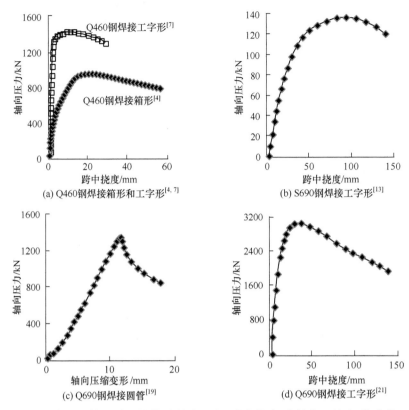

图 4-2　高强钢轴心受压构件的轴向压力-跨中挠度(或轴向压缩变形)曲线

2. 高强钢轴心受压构件整体稳定承载力的主要影响因素

与普通钢轴心受压构件相同，影响高强钢轴心受压构件整体稳定承载力的因素有初弯曲、初偏心、残余应力、截面的形状和几何尺寸、构件的长度、弯曲轴等。与普通钢相比，由于高强钢材料性能的变化会引起残余应力分布模型的改变，从而导致高强钢轴心受压构件的极限承载力发生变化，因此，仅给出残余应力和高强钢不同强度等级对其极限承载力的影响。其他因素的影响，与普通钢轴心受压构件相同，不再详述。

1) 残余应力

JÖNSSON 等[9]采用有限元法研究了不同残余应力峰值和钢材不同强度等级对高强钢轴心受压构件整体稳定承载力的影响。钢材采用 S690、S460、S420 和 S355 钢。截面为两种典型的热轧 H 型钢，一种是 HEB300，尺寸为 300mm×300mm×11mm×19mm，另一种是 IPE160，尺寸为 160mm×82mm×5mm×7.4mm，分别代表高宽比小于 1.2 和高宽比大于 1.2 两种情况。构件均绕强轴弯曲。初弯曲采用正弦半波曲线，其幅值为 $l/1000$，l 为杆长。残余应力分布采用 R1

和 R1* 两种模型，分别见图 4-3 和图 4-4。二者均为直线分布，形状也相同，只是峰值不同。R1 分布的峰值分别为 $0.3f_y$ 和 $0.5f_y$，f_y 为钢材的名义屈服强度；R1* 分布则将 f_y 统一取为 235MPa，不随钢材等级发生变化。

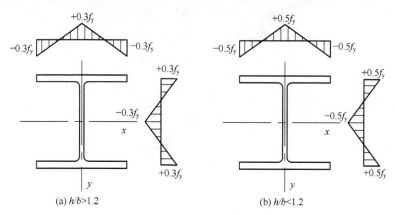

图 4-3　残余应力分布模型 R1

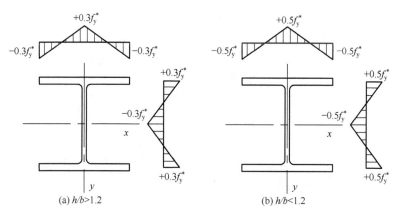

图 4-4　残余应力分布模型 R1*

$$f_y^* = 235\text{MPa}$$

　　图 4-5 是 JÖNSSON 等[9]给出的残余应力峰值对高强钢轴心受压构件整体稳定极限承载力的影响曲线。图 4-5 中 $\bar{\lambda}$ 为杆件正则化长细比；χ 为构件整体稳定的无量纲极限承载力[欧洲规范 EN 1993-1-1 将 χ 称为屈曲抗力降低系数，对应于我国标准 GB 50017—2017 的整体稳定系数 φ，即 $P_u / (Af_y)$]。其中，图 4-5(a)为两种残余应力峰值计算结果；图 4-5(b)为二者计算结果的相对差值。由图 4-5 可知，在构件正则化长细比和钢材等级相同的条件下，由于 R1* 分布的残余压应力峰值较小，因此计算值较大；两种残余应力分布模型计算结果在构

件正则化长细比接近于 1 时相差最大，且差值随钢材等级的提高而增大。

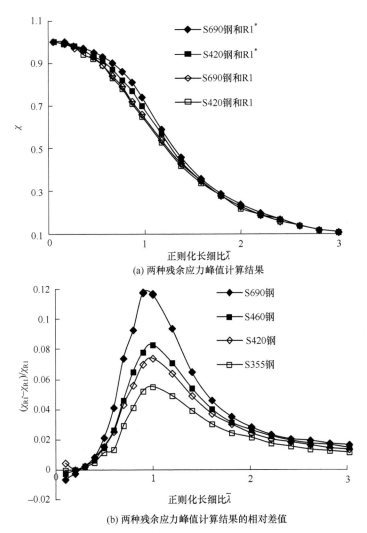

(a) 两种残余应力峰值计算结果

(b) 两种残余应力峰值计算结果的相对差值

图 4-5　残余应力峰值对高强钢轴心受压构件整体稳定极限承载力的影响曲线[9]

2) 钢材强度等级

钢材强度等级发生变化，其屈服强度和材料的应力-应变关系也随之发生变化。SOMODI 等[23]分别研究了屈服强度和应力-应变模型对高强钢焊接箱形轴心受压构件整体稳定承载力的影响。图 4-6 是 SOMODI 等[23]给出的屈服强度对高强钢轴心受压构件整体稳定极限承载力的影响曲线。研究中，截面选择焊接方管，尺寸为 120mm×6mm；钢材为 S235、S355、S500、S700 和 S960；

材料模型和残余应力均保持不变,残余拉压应力和钢材名义屈服强度成线性关系。由图 4-6 可知,当构件正则化长细比 $\overline{\lambda}$ 相同时,随着屈服强度的提高,无量纲极限承载力 χ 增大。其他多个参考文献也得出这样的结论[9,16]。但这一结论很容易使人误以为:对于相同截面和相同长度的轴心受压构件,钢材强度等级越高,χ 越大。实际上,根据构件正则化长细比定义 $\overline{\lambda}=(\lambda/\pi)\sqrt{f_y/E}$,当 $\overline{\lambda}$ 相同时,f_y 增大,构件长细比 λ 减小。此时,若截面尺寸相同,则构件长度将会减小。χ 值增大很可能主要是构件长度变小的缘故。"两个构件 $\overline{\lambda}$ 相同"不等于"相同尺寸的两个构件"。

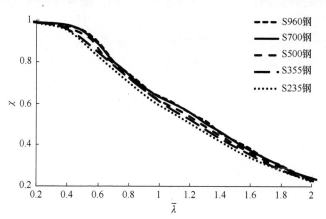

图 4-6　屈服强度对高强钢轴心受压构件整体稳定极限承载力的影响曲线[23]

图 4-7 是 SOMODI 等[23]给出的应力-应变模型对高强钢轴心受压构件整体稳定极限承载力的影响曲线。钢材为 S960,截面仍为焊接方管,尺寸为120mm×6mm。采用了两种材料模型:线弹性-硬化塑性(Lin-Har)模型和 Ramberg-

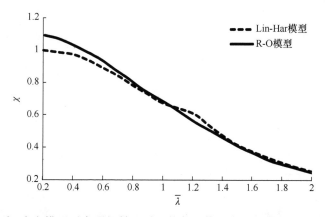

图 4-7　应力-应变模型对高强钢轴心受压构件整体稳定极限承载力的影响曲线[23]

Osgood(R-O)模型。由图 4-7 可以看出,在正则化长细比小于 0.8 时,两种模型计算值相差较大,其他长细比范围内,相差较小;小长细比杆件,R-O 模型计算结果较大,相反,大长细比杆件,R-O 模型计算结果较小。

SOMODI 等[23]曾对 49 个焊接方管试件进行了轴心受压试验,以研究其整体稳定性能。试件包括 18 种不同截面尺寸,以及 S235、S355、S420、S460、S500、S700 和 S960 等 7 种钢材。为了避免产生"对于相同的轴心受压构件,钢材强度等级越高,χ 越大"的误会,同时,为了进一步研究钢材强度等级对整体稳定极限承载力 P_u 和无量纲极限承载力 χ 的影响,将文献[23]的试验结果重新整理,并绘制成图,结果见图 4-8~图 4-13。图 4-8~图 4-13 中,试件的截面尺寸和长度均相同,具体尺寸标注在图题的括号中。例如,图 4-8 中 80×5-2500 表示:截面宽度和厚度分别为 80mm 和 5mm,构件长度为 2500mm。另外,在图 4-8~图 4-13 中,极限承载力以两种方式来表达,一种是极限承载力 P_u,另一种是无量纲极限承载力 χ。有些试件是两个相同的试件,故有两个数据点,有些只有一个试件,故有一个数据点。比较图 4-8~图 4-13 中的(a)图可知,对相同截面和相同长度的试件,随着钢材等级的提高,大部分试件的极限承载力 P_u 增大,也有少部分试件的 P_u 减小。P_u 增大是合理的,减小则不合理。P_u 值减小的原因可能是试件的缺陷较大。不考虑不合理的试件,再对比

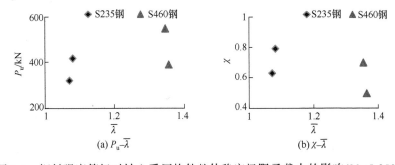

图 4-8　钢材强度等级对轴心受压构件整体稳定极限承载力的影响(80×5-2500)

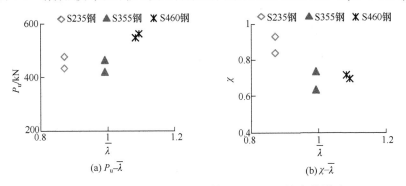

图 4-9　钢材强度等级对轴心受压构件整体稳定极限承载力的影响(80×5-2000)

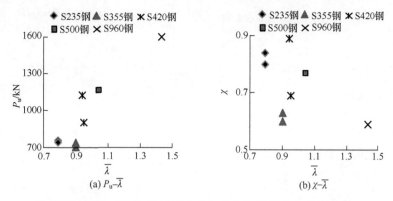

图 4-10　钢材强度等级对轴心受压构件整体稳定极限承载力的影响(120×6-2800)

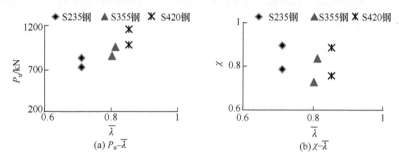

图 4-11　钢材强度等级对轴心受压构件整体稳定极限承载力的影响(120×6-2500)

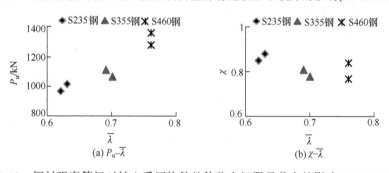

图 4-12　钢材强度等级对轴心受压构件整体稳定极限承载力的影响(150×6-2800)

图 4-8～图 4-13 中的(b)图可知，对相同截面和相同长度的试件，随着钢材等级的提高，χ 值并未增大，一般是减小。

陈绍蕃和申红侠[1]曾采用有限元法对截面为 400mm×400mm×13mm×21mm 的热轧 H 型钢两端铰支轴心压杆进行整体稳定极限承载力计算。钢材为 Q235 钢、Q345 钢、Q390 钢、Q420 钢和 Q460 钢，材料模型为理想弹塑性体。残余应力分布如图 4-4(a)。初弯曲取一个正弦半波曲线，幅值为 $l/1000$。其绕强轴

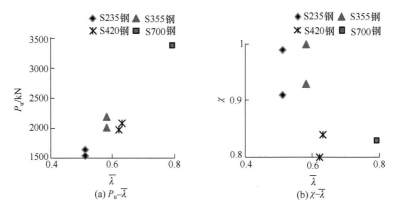

图 4-13　钢材强度等级对轴心受压构件整体稳定极限承载力的影响(180×8-2800)

和弱轴的稳定系数计算结果分别见表 4-2 和表 4-3。由表 4-2 和表 4-3 可以看出，除了小长细比 λ=20 外，当长细比 λ 相同时，随着钢材等级的提高，构件绕强轴和弱轴的整体稳定系数均降低。

表 4-2　热轧 H 型钢压杆绕强轴的稳定系数

λ	Q235 钢	Q345 钢	Q390 钢	Q420 钢	Q460 钢
20	0.985	0.983	0.980	0.981	0.982
40	0.943	0.932	0.929	0.927	0.924
60	0.869	0.844	0.829	0.817	0.800
80	0.767	0.681	0.642	0.614	0.580
100	0.626	0.502	0.458	0.432	0.400
120	0.490	0.368	0.332	0.311	0.286
150	0.339	0.244	0.218	0.204	0.187

表 4-3　热轧 H 型钢压杆绕弱轴的稳定系数

λ	Q235 钢	Q345 钢	Q390 钢	Q420 钢	Q460 钢
20	0.977	0.986	0.974	0.973	0.973
40	0.906	0.892	0.894	0.893	0.881
60	0.799	0.772	0.759	0.747	0.734
80	0.678	0.619	0.589	0.569	0.541
100	0.555	0.465	0.430	0.408	0.381
120	0.443	0.347	0.316	0.297	0.276
150	0.314	0.234	0.211	0.197	0.182

综上所述，通过研究发现：

(1) 当构件正则化长细比 $\overline{\lambda}$ 相同时，随着钢材等级的提高，无量纲极限承载力(即整体稳定系数)增大。

(2) 当长细比 λ 相同时，随着钢材屈服强度的提高，构件的整体稳定系数降低。

二者似乎是矛盾的，其实不然。由于二者比较的前提不同，反映的影响因素不同，因此得出的结论必然不同。

前者源于柱子曲线的划分，反映初始缺陷的影响。欧洲规范 EN 1993-1-1[27]和我国标准 GB 50017—2017[28]中柱子曲线类型均基于初始几何缺陷和残余应力影响的大小来划分。欧洲规范 EN 1993-1-1 的初始几何缺陷为等效缺陷，包括初弯曲、初偏心和其他可能的缺陷。我国标准 GB 50017—2017 的初始几何缺陷为初弯曲。欧洲规范 EN 1993-1-1 把柱子曲线划分为 a_0、a、b、c 和 d 五类。我国标准 GB 50017—2017 把柱子曲线划分为 a、b、c 和 d 四类。由 d 类到 a_0(或 a)类，初始几何缺陷和残余应力影响逐渐减小，整体稳定系数逐渐增大。随着钢材强度等级的提高，加工制作质量提高，初始几何缺陷会减小；残余应力的影响也相对减小，因此整体稳定系数会增大。

后者反映的则是钢材屈服强度的影响，暗含条件缺陷系数相同。当缺陷系数与构件长细比 λ 相同时，随着钢材屈服强度 f_y 增大，由 $\lambda\sqrt{f_y/235}$ 得到的整体稳定系数自然减小。

4.1.3　高强钢轴心受压构件整体稳定的计算方法

1. 美国规范 ANSI/AISC 360

对非薄柔截面轴心受压构件的整体稳定，美国规范 ANSI/AISC 360-16[29]仍然采用 ANSI/AISC 360-10 的计算公式。

当轴心受压构件发生弯曲屈曲时，其名义强度 P_n 按式(4-1)计算：

$$P_n = F_{cr}A \tag{4-1}$$

当 $\dfrac{ul}{i} \leqslant 4.71\sqrt{\dfrac{E}{f_y}}$ 时：

$$F_{cr} = \left(0.658^{\frac{f_y}{F_e}}\right)f_y \tag{4-2a}$$

当 $\dfrac{ul}{i} > 4.71\sqrt{\dfrac{E}{f_y}}$ 时：

$$F_{cr} = 0.877F_e \tag{4-2b}$$

式中，F_{cr} 为临界应力；A 为毛截面面积；u 为计算长度系数；l 为构件的长度；i 为回转半径；E 为钢材的弹性模量；f_y 为钢材的屈服强度；F_e 为弹性临界应力，$F_e = \pi^2 E / (ul/i)^2$。

2. 欧洲规范 EN 1993-1-1

当轴心受压构件发生整体屈曲时，欧洲规范 EN 1993-1-1[27]给出的抗力计算公式为

$$N_{Rd} = \chi A f_y \tag{4-3}$$

式中，f_y 为钢材的屈服强度；χ 为构件屈曲强度降低系数；A 为毛截面面积。

3. 我国标准 GB 50017—2017

我国标准 GB 50017—2017[28]中轴心受压构件整体稳定承载力的计算公式为

$$N = \varphi A f_y \tag{4-4}$$

式中，φ 为轴心受压构件的整体稳定系数；A 为毛截面面积；f_y 为钢材的屈服强度。

4.1.4 高强钢轴心受压构件的整体稳定系数

有研究文献提出了适用于高强钢轴心受压构件的柱子曲线，具体有两种：一种是在规范的柱子曲线中选择合适的曲线，另一种是修正规范柱子曲线计算公式中的等效缺陷或缺陷系数。

1. 热轧型钢

陈绍蕃和申红侠[1]提出，对于热轧 H 型钢，当绕强轴失稳时，Q345、Q390、Q420 和 Q460 钢，根据 $\lambda\sqrt{f_y/235}$ 查我国规范 GB 50017—2003[30]的 a 类曲线；当绕弱轴失稳时，Q345、Q390、Q420 和 Q460 钢，根据调整长细比 $\lambda_t = \eta\lambda$ 查我国规范 GB 50017—2003。长细比调整系数 η 及对应的截面类别见表 4-4。陈绍蕃和申红侠[1]还指出，对高强钢热轧钢管、工字钢(b/h<0.8)、槽钢、剖分 T型钢和角钢来说，由于截面的残余压应力并不高于热轧 H 型钢，因此高强钢热轧钢管、工字钢(b/h<0.8)仍按我国规范 GB 50017—2003 规定的 a 类截面处理；其他截面，按上述热轧 H 型钢绕弱轴失稳处理。

表 4-4 调整系数和对应的截面类别

牌号	Q345	Q390	Q420	Q460
调整系数 η	1.15	1.35	1.40	1.45
截面类别	b	a	a	a

JÖNSSON 等[9]在欧洲规范 EN 1993-1-1[27]的基础上，针对热轧工字形绕强轴失稳的情况提出了修正等效缺陷法。

欧洲规范 EN 1993-1-1[27]中，轴心受压构件屈曲强度降低系数 χ 为

$$\chi = \frac{1}{\Phi + \sqrt{\Phi^2 - \overline{\lambda}^2}} \leqslant 1.0 \tag{4-5}$$

$$\Phi = 0.5\left(\overline{\lambda}^2 + \frac{e}{k} + 1\right) \tag{4-6}$$

$$\overline{\lambda} = \sqrt{\frac{f_y}{E}} \cdot \frac{L_{cr}}{\pi i} \tag{4-7}$$

式中，$\overline{\lambda}$ 为轴心受压构件正则化长细比；L_{cr} 为构件屈曲长度；i 为回转半径；e 为等效缺陷；k 为参数，$k = W / A$（W 和 A 分别为截面模量和毛截面面积）。

上述公式来源于 Ayrton-Perry 公式。在 Ayrton-Perry 公式中，相对等效缺陷：

$$\frac{e}{k} = \alpha \varepsilon \overline{\lambda} \tag{4-8}$$

$$\varepsilon = \sqrt{235 / f_y} \tag{4-9}$$

式中，α 为缺陷系数。

简单起见，欧洲规范 EN 1993-1-1[27]未考虑屈服强度 f_y 的影响，但考虑柱子曲线的平台，式(4-8)变为

$$\frac{e}{k} = \alpha\left(\overline{\lambda} - 0.2\right) \tag{4-10}$$

考虑屈服强度 f_y 的影响，JÖNSSON 等[9]基于 Ayrton-Perry 公式，将式(4-10)改为

$$\frac{e}{k} = \alpha\left(\overline{\lambda}\varepsilon - 0.2\right) \tag{4-11}$$

JÖNSSON 等[9]提出的修正缺陷法比欧洲规范 EN 1993-1-1 对应柱子曲线的 χ 值要高。

2. 焊接截面

班慧勇等[7]对 Q460 钢翼缘为火焰切割边焊接工字形截面轴心受压构件的有限元分析表明，绕强轴弯曲的有限元计算结果比美国规范 ANSI/AISC 360-10 的设计公式平均高 1.5%；比欧洲规范 EN 1993-1-1 规定的 b 类曲线平均高 9.9%，甚至比 a 类曲线还要高 1.5%；比我国规范 GB 50017—2003 规定的 b 类曲线平

均高 9.3%，但比 a 类曲线平均低 1.2%。因此，Q460 钢火焰切割边焊接工字形截面绕强轴失稳的整体稳定系数明显高于相应截面分类的设计曲线，建议采用欧洲规范 EN 1993-1-1 的 a 类柱子曲线以及美国规范 ANSI /AISC 360-10 的设计公式设计此类高强钢构件。Q460 钢火焰切割边焊接工字形截面轴心受压构件绕弱轴失稳的有限元计算结果比美国规范 ANSI /AISC 360-10 的设计公式平均低 1.1%；比欧洲规范 EN 1993-1-1 规定的 c 类曲线平均高 16.0%，比 b 类曲线平均高 7.2%，但低于 a 类柱子曲线；比我国规范 GB 50017—2003 规定的 b 类柱子曲线平均高 6.5%，但低于 a 类柱子曲线。因此，Q460 钢火焰切割边焊接工字形截面绕弱轴失稳的整体稳定系数要明显高于我国和欧洲的钢结构设计规范对应截面分类的柱子曲线，但低于美国规范的设计公式，建议采用我国或欧洲规范的 b 类柱子曲线。

BAN 等[8]对 Q460 钢焊接箱形和焊接工字形截面的研究表明，焊接箱形和焊接工字形(翼缘为火焰切割边)截面绕弱轴失稳可采用欧洲规范 EN 1993-1-1 和我国规范 GB 50017—2003 中的 b 类曲线；美国规范 ANSI/AISC 360-10 对焊接工字形绕弱轴失稳是准确的或略为保守；对焊接工字形截面绕强轴失稳可采用欧洲规范 EN 1993-1-1 中的 a 类曲线或美国规范 ANSI/AISC 360-10。另外，BAN 等[8]还提出一种方法，即将欧洲规范 EN 1993-1-1 中的缺陷系数 α 取为 0.254 来计算 Q460 钢焊接箱形和焊接工字形截面轴心受压构件。该缺陷系数介于欧洲规范 EN 1993-1-1 的 a 类曲线和 b 类曲线的缺陷系数之间。

施刚等[13]对 8 个带有端部约束的 S690 钢和 S960 钢焊接工字形轴心受压试件绕强轴失稳进行试验和有限元模拟。结果表明，试件的整体稳定系数比欧洲规范 EN 1993-1-1 的 b 类柱子曲线平均高 15.7%，比 a_0 类柱子曲线平均高 0.6%，除 3 个试件有限元计算的稳定系数低于欧洲规范 EN 1993-1-1 最高的 a_0 类柱子曲线外，超出其他柱子曲线的保证率均为 100%；比我国规范 GB 50017—2003 的 b 类柱子曲线高 15.1%，比最高的 a 类柱子曲线高 3.9%。因此，认为可以提高其所属的柱子曲线类型。

施刚等[14]总结国内外名义屈服强度为 690MPa 钢焊接工字形和焊接箱形轴心受压试件的试验结果，并进行分析。结果表明，对于板厚小于 40mm 的 690MPa 高强度钢材轴心受压构件，我国规范 GB 50017—2003 将焊接工字形截面(翼缘为火焰切割边，绕弱轴)和焊接箱形截面划分为 b 类截面是偏于安全和保守的；划分为 a 类截面仍然具有较高的安全度和可靠性，但最终建议采用 b 类截面。

班慧勇等[15]根据有限元结果与我国规范 GB 50017—2003 设计曲线的对比分析，建议强度等级 Q460、Q500、Q550、Q620、Q690、Q800 钢焊接箱形轴心受压构件(板厚小于 40mm)按 b 类曲线进行设计，Q890 和 Q960 钢焊接箱形轴心受压构件(板厚小于 40mm)按 a 类曲线进行设计。

班慧勇等[16]对高强钢翼缘为火焰切割边焊接工字形轴心受压构件的有限元分析表明，随着钢材强度等级的提高，高强钢焊接工字形截面轴心受压构件绕强轴和绕弱轴失稳的整体稳定系数均明显提高；建议按照我国规范 GB 50017—2003 设计，其中，对于绕强轴失稳的构件，Q460～Q550 钢按 b 类曲线设计，Q620～Q960 钢按 a 类曲线设计；对于绕弱轴失稳的构件，Q460～Q800 钢按 b 类曲线设计，Q890 和 Q960 钢按 a 类曲线设计。

此外，班慧勇等[15,16]还基于欧洲规范 EN 1993-1-1 和我国规范 GB 50017—2003 提出修正缺陷系数法。

欧洲规范 EN 1993-1-1 柱子曲线计算公式的另外一种表达式为

$$\chi = \frac{1}{2\bar{\lambda}^2}\left\{1 + \alpha(\bar{\lambda}-0.2) + \bar{\lambda}^2 - \sqrt{[1+\alpha(\bar{\lambda}-0.2)+\bar{\lambda}^2]^2 - 4\bar{\lambda}^2}\right\} \tag{4-12}$$

我国规范 GB 50017—2003 的柱子曲线计算公式为

当 $\bar{\lambda} \leqslant 0.215$ 时：

$$\varphi = 1 - \alpha_1\bar{\lambda}^2 \tag{4-13a}$$

当 $\bar{\lambda} > 0.215$ 时：

$$\varphi = \frac{1}{2\bar{\lambda}^2}\left[(\alpha_2 + \alpha_3\bar{\lambda} + \bar{\lambda}^2) - \sqrt{(\alpha_2 + \alpha_3\bar{\lambda} + \bar{\lambda}^2)^2 - 4\bar{\lambda}^2}\right] \tag{4-13b}$$

式中，α_1、α_2 和 α_3 为缺陷系数。

表 4-5 和表 4-6 分别给出高强钢焊接箱形和焊接工字形截面不同等级钢对应的缺陷系数 α、α_1、α_2 和 α_3。

表 4-5　高强钢焊接箱形截面柱子曲线的缺陷系数[15]

缺陷系数	α	α_1	α_2	α_3
Q460 钢	0.342	0.00	0.903	0.377
Q500 钢	0.308	0.00	0.917	0.334
Q550 钢	0.276	0.00	0.936	0.286
Q620 钢	0.245	0.16	0.956	0.238
Q690 钢	0.272	0.91	0.996	0.213
Q800 钢	0.230	1.09	1.017	0.157
Q890 钢	0.205	1.03	1.019	0.134
Q960 钢	0.189	1.11	1.027	0.114

表 4-6　高强钢焊接工字形截面柱子曲线的缺陷系数[16]

缺陷系数	绕强轴失稳				绕弱轴失稳			
	α	α_1	α_2	α_3	α	α_1	α_2	α_3
Q460 钢	0.248	0.88	1.000	0.189	0.354	1.66	1.029	0.235
Q500 钢	0.226	0.83	1.001	0.172	0.319	1.44	1.022	0.216
Q550 钢	0.205	0.77	1.002	0.155	0.289	1.38	1.024	0.191
Q620 钢	0.206	1.18	1.028	0.126	0.270	1.82	1.058	0.139
Q690 钢	0.185	1.14	1.030	0.108	0.240	1.58	1.048	0.128
Q800 钢	0.160	1.08	1.031	0.089	0.208	1.52	1.050	0.103
Q890 钢	0.151	0.94	1.024	0.090	0.170	0.84	1.014	0.115
Q960 钢	0.142	0.92	1.025	0.082	0.158	0.81	1.014	0.108

李国强等[21]对 Q690 钢火焰切割边焊接 H 形轴心受压构件绕强轴和绕弱轴的稳定系数进行了有限元模拟。与美国规范 ANSI/AISC 360-10 相比,绕强轴和绕弱轴的稳定系数比规范的柱子曲线分别平均高 9%和 7%,故美国规范柱子曲线用于设计 Q690 钢焊接 H 形柱子是偏于安全的。与欧洲规范 EN 1993-1-1 相比,绕强轴失稳的稳定系数比规范的 a_0、a 和 b 类柱子曲线分别平均高出 3%、8%和 16%;绕弱轴失稳的稳定系数比规范的 a_0、a、b 和 c 类柱子曲线分别平均高出 1%、7%、15%和 24%。但考虑到 a_0 类柱子曲线在长细比为 20~30 的范围内对 Q690 钢焊接 H 形轴心受压构件的设计强度存在高估的风险,故此类柱子设计时,建议采用 a 类柱子曲线。与我国规范 GB 50017—2003 相比,绕强轴失稳的稳定系数比 a 类和 b 类柱子曲线分别平均高出 6%和 16%;绕弱轴失稳的稳定系数比 a 类和 b 类柱子曲线分别平均高出 4%和 14%,因此,对 Q690 钢火焰切割边焊接 H 形轴心受压构件,宜采用 a 类柱子曲线进行设计。

SOMODI 等[23]对高强钢焊接箱形轴心受压构件的弯曲失稳进行了试验研究,并与欧洲规范 EN 1993-1-1 比较,提出 S235~S460 钢采用欧洲规范的 c 类曲线;S500~S700 钢采用欧洲规范的 b 类曲线;S960 钢采用欧洲规范的 a 类曲线。同时,对 S500~S960 钢,SOMODI 等[23]提出另外一种方法,即将欧洲规范的缺陷系数 α 修正为

$$\alpha = 0.49 \left(\frac{235}{f_y} \right)^{0.6} \tag{4-14}$$

KÖVESDI 等[25]认为原始的 Ayrton-Perry 公式只考虑初弯曲,没有考虑残余应力的影响,因此提出了考虑残余应力影响的修正 Ayrton-Perry 公式,具体公式如下:

$$\chi = \frac{1}{2}\left(\varPhi_{RS} - \sqrt{\varPhi_{RS}^2 - \frac{4k_{fy}}{\overline{\lambda}^2}} \right) \tag{4-15}$$

$$\varPhi_{RS} = k_{fy} + \left(\frac{1}{\overline{\lambda}^2} + \frac{h\lambda_1}{2iL_{div}\overline{\lambda}} \right) \tag{4-16}$$

$$k_{fy} = 1 - red(\lambda)k_{RS} \tag{4-17}$$

$$\lambda_1 = \pi\sqrt{\frac{E}{f_y}} \tag{4-18}$$

$$L_{div} = \frac{L}{\upsilon_0} \tag{4-19}$$

$$k_{RS} = \frac{\sigma_{RS}}{f_y} \tag{4-20}$$

当 $\overline{\lambda} \leqslant 0.3$ 时：

$$red(\lambda) = 0 \tag{4-21a}$$

当 $0.3 < \overline{\lambda} \leqslant 1.2$ 时：

$$red(\lambda) = \frac{1}{2}\left[1 - \cos\left(\frac{\overline{\lambda} - 0.3}{0.9}\pi \right) \right] \tag{4-21b}$$

当 $\overline{\lambda} > 1.2$ 时：

$$red(\lambda) = 1.0 \tag{4-21c}$$

初始几何缺陷系数 L_{div} 有两种取值方案：

方案 A：
$$L_{div,A} = 750$$

方案 B：

当 $\overline{\lambda} \leqslant 1.3$ 时：

$$L_{div,B} = 750 \tag{4-22a}$$

当 $1.3 < \overline{\lambda} \leqslant 1.7$ 时：

$$L_{div,B} = 750 + \frac{2.2f_y - 750}{2}\left[1 - \cos\left(\frac{\overline{\lambda} - 1.3}{0.4}\pi \right) \right] \tag{4-22b}$$

当 $\overline{\lambda} > 1.7$ 时：

$$L_{div,B} = 2.2f_y \tag{4-22c}$$

式中，k_{fy} 为轴力和弯矩共同作用所产生的最大压应力和钢材屈服强度的比值；

Φ_{RS} 为参数；$\overline{\lambda}$ 为构件正则化长细比；h 为截面的高度；λ_1 为欧拉长细比；i 为截面的回转半径；L_{div} 为初始几何缺陷系数；$red(\lambda)$ 为降低系数，考虑残余压应力随杆长的变化；k_{RS} 为残余压应力和钢材屈服强度之比；σ_{RS} 为残余压应力。

KÖVESDI 等[25]提出的公式物理意义明确，考虑了残余应力、初始几何缺陷、截面形状、屈服强度和构件长细比的影响。参数 k_{fy} 对应残余应力的影响，L_{div} 对应初始几何缺陷的影响，h/i 对应截面形状的影响，f_y 对应钢材屈服强度的影响，$\overline{\lambda}$ 对应构件长细比的影响。但该公式涉及参数较多，并且需已知残余压应力 σ_{RS} 的值，不方便工程设计应用。

DEGÉE 等[31]研究了 S355、S460 和 S690 钢焊接箱形截面轴心受压构件的整体稳定，认为其整体稳定系数应该取欧洲规范 EN 1993-1-1 的 a 类曲线，而不是 b 类曲线。SHEN[32]研究了 Q345、Q390、Q420 和 SM58 钢焊接箱形截面轴心受压构件的整体稳定，得出其整体稳定系数应取我国规范 GB 50017—2003 的 a 类曲线。上述研究的均是宽厚比较大的构件，宽厚比均超过了 20。虽然欧洲规范 EN 1993-1-1 的 a 类曲线和我国规范 GB 50017—2003 的 a 类曲线略有不同，但相差不大。

郭咏华等[19]采用"逆算单元长度法"分析，得出 Q690 钢轴心受压钢管整体稳定系数与长细比的关系如下：

当 $\overline{\lambda} \leqslant 0.58$ 时：

$$\varphi = 1 \tag{4-23a}$$

当 $0.58 < \overline{\lambda} \leqslant 1$ 时：

$$\varphi = \alpha_0 + \alpha_1 \overline{\lambda} + \alpha_2 \overline{\lambda}^2 \tag{4-23b}$$

当 $\overline{\lambda} > 1$ 时：

$$\varphi = \frac{1}{2\overline{\lambda}^2}\left[(\alpha_3 + \alpha_4\overline{\lambda} + \overline{\lambda}^2) - \sqrt{(\alpha_3 + \alpha_4\overline{\lambda} + \overline{\lambda}^2)^2 - 4\overline{\lambda}^2} \right] \tag{4-23c}$$

式中，缺陷系数 $\alpha_0 = 1.6345$ ；$\alpha_1 = -1.2424$ ；$\alpha_2 = 0.2678$ ；$\alpha_3 = 1.0405$ ；$\alpha_4 = 0.1359$ 。

表 4-7 总结了部分文献提出的高强钢焊接截面轴心受压构件柱子曲线(板厚小于 40mm)。由表 4-7 可知，高强钢轴心受压构件的柱子曲线，有些沿用规范的柱子曲线，有些提升到上一条柱子曲线，但文献对同一等级高强钢轴心受压构件采用哪一条柱子曲线未达成一致，这可能是研究条件不同，研究人员的数据处理方法也不同的缘故。

表 4-7　部分高强钢焊接截面柱子曲线(板厚小于 40mm)

截面	牌号	弯曲轴	美国规范 ANSI/AISC 360-10	欧洲规范 EN 1993-1-1	我国规范 GB 50017—2003	文献
火焰切割边 工字形	Q460	强轴	可采用	a	—	[7]
		弱轴	—	b	b	
火焰切割边 工字形	Q460	强轴	可采用	a	—	[8]
		弱轴		b	b	
箱形		—		b	b	
箱形、火焰切割边工字形绕弱轴	690MPa	—	—	—	b	[14]
箱形	Q460、Q500、Q550、Q620、Q690、Q800	—	—	—	b	[15]
	Q890 和 Q960				a	
火焰切割边 工字形	Q460~Q550 Q620~Q960	强轴			b a	[16]
	Q460~Q800 Q890 和 Q960	弱轴			b a	
火焰切割边 H 形	Q690	强轴、弱轴	偏于 安全	a	a	[21]
箱形	S235~S460	—	—	c	—	[23]
	S500~S700	—	—	b	—	
	S960			a		
箱形	S355、S460 和 S690	—	—	a	—	[31]
箱形	Q345、Q390、Q420 和 SM58	—	—	—	a	[32]

　　基于已有的研究，我国标准 GB 50017—2017 将钢材最高等级由 Q420 钢提高为 Q460 钢，并将 Q345~Q460 钢轧制工字形($b/h > 0.8$)绕强轴失稳及轧制等边角钢绕两主轴失稳的稳定系数由 b 类曲线提升为 a 类曲线。

4.2　高强钢受弯构件的整体稳定

4.2.1　试验方案和有限元模型

　　高强钢受弯构件的截面形式应与普通钢受弯构件相同,但高强钢受弯构件的整体稳定研究较少,研究的截面多为热轧工字形和焊接工字形截面。

　　为了防止局部屈曲以确保构件发生整体失稳,需限制截面板件的宽厚比。用于研究高强钢受弯构件整体稳定的焊接工字形和焊接箱形截面构件,其板件宽厚比需小于表 3-7 中的限值。需要说明的是我国标准 GB 50017—2017 对工字形翼缘宽厚比的限值更详细。表 3-7 中 15ε 为弹性限值,但大部分构件发生整体失稳时处于弹塑性范围内,故需调整弹塑性限值为 13ε。其他截面板件宽厚比限值可查相应的规范。

　　同时,为了使构件发生整体失稳,要求其正则化长细比 $\overline{\lambda}_b = 0.4 \sim 2.1$。

　　高强钢受弯构件的整体稳定承载力与荷载的类型和荷载作用的位置有关。根据荷载类型的不同,可分为纯弯曲、跨中集中荷载和均布荷载三种情况。跨中集中荷载可作用在上翼缘、下翼缘和沿截面高度的任意位置。均布荷载则作用于上翼缘或下翼缘。

　　图 4-14～图 4-16 分别为高强钢受弯构件在纯弯曲、跨中集中荷载作用于上翼缘和均布荷载作用于上翼缘时的加载示意图。纯弯曲在悬臂端加载(图 4-14)。均布荷载通过多个集中荷载加载(图 4-16)。试件两端简支。为防止受弯构件在支座处发生侧向扭转,在受压翼缘加设侧向支撑,也可以在支座上下翼缘均设侧向支撑以实现夹支边界条件。为防止腹板发生局部承压破坏,在集中荷载作用处和支座处设加劲肋。同时,为保证构件发生整体失稳,防止腹板发生局部屈曲,腹板每隔一定间距设置加劲肋。

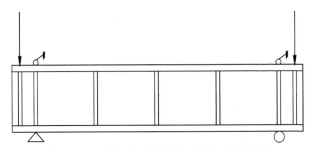

图 4-14　高强钢受弯构件纯弯曲加载示意图

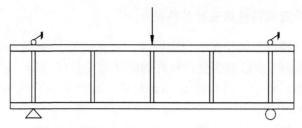

图 4-15　高强钢受弯构件跨中集中荷载作用于上翼缘加载示意图

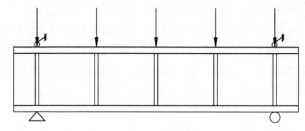

图 4-16　高强钢受弯构件均布荷载作用于上翼缘加载示意图

第 3 章有关高强钢受弯构件的加载装置、加载设备、加载方法、所用的测量仪器均可用于本章。

试验的测量内容为试件的实际几何尺寸、初弯曲、跨中最大挠度、跨中侧向位移和转角、极限承载力以及关键位置截面的应变。为此，需在跨中上下翼缘、支座处布置位移计以测得跨中挠度；在跨中上下翼缘、支座处侧向布置位移计以测得跨中侧向位移及转角；在跨中上下翼缘布置应变片以测得纵向应变。

高强钢受弯构件发生整体失稳的有限元模型需考虑几何非线性和材料非线性以及构件的初始几何缺陷与残余应力的影响，可用有限元软件 ABAQUS 或 ANSYS 来完成。高强钢受弯构件的整体失稳为空间的弯扭屈曲，需选择壳单元来模拟。高强钢材料的应力-应变模型见 1.3.1 小节。高强钢不同等级、不同截面形状的残余应力分布模型见 2.2～2.5 节。高强钢受弯构件的初始几何缺陷为平面外初弯曲，其幅值取构件长度的 1/1000，形状为正弦半波曲线。ANSYS 定义材料模型、施加残余应力和初始几何缺陷的方法同 3.1.2 小节。

对于边界条件和支撑的模拟需先定义坐标系。取图 4-1 中的坐标系，x 轴和 y 轴分别为截面的水平轴和竖轴，z 轴沿构件长度方向。对左端支座处(即下翼缘)所有节点，$U_x=U_y=U_z=0$，模拟转动支座；对右端支座处(即下翼缘)所有节点，$U_x=U_y=0$，模拟滚动支座。对左、右支座处上、下翼缘节点，$U_x=0$，模拟夹支边界条件。对于荷载的模拟，纯弯曲可以等效为作用于上、下翼缘沿轴线方向均匀分布的线荷载；上翼缘的跨中集中荷载和均布荷载可等效为线性均布荷载。

4.2.2　高强钢受弯构件整体失稳的性能

高强钢受弯构件整体稳定的研究很少。杨应华等[33]采用 ANSYS 有限元软件对 Q460 钢焊接工字形截面受弯构件的整体稳定性能进行了较全面的研究,研究了六种截面尺寸、三种荷载类型(纯弯曲、跨中集中荷载和均布荷载)及五种长细比受弯构件的极限弯矩,并提出了稳定承载力的计算公式。丁阳等[34]建立了高强钢焊接工字梁的有限元模型,分析了初始几何缺陷、残余应力、钢材强度等级、截面高宽比、荷载类型和截面形式对高强钢焊接工字梁整体稳定承载力的影响。施刚等[35]采用有限元法对高强钢焊接截面受弯构件的极限承载力进行了计算,并将极限承载力的有限元计算结果和规范公式的计算值进行了比较,对高强钢焊接截面受弯构件计算模式的不定性做了数理统计分析。

基于已有的研究成果,介绍影响高强钢受弯构件整体稳定极限承载力的主要因素及其影响规律。影响高强钢受弯构件整体稳定极限承载力的因素很多,包括截面的形状和几何尺寸、构件的长度、初始几何缺陷、残余应力、荷载的类型、荷载作用的位置、钢材的等级以及侧向支撑的设置等。此处,结合高强钢的特点,仅给出初始几何缺陷、残余应力和钢材强度等级对高强钢受弯构件整体稳定极限承载力的影响。其他因素的影响与普通钢受弯构件相同,不再重复表述。

1. 初始几何缺陷

丁阳等[34]详细地研究了初始几何缺陷幅值对不同强度等级钢、不同荷载类型焊接工字形梁整体稳定承载力的影响。初始几何缺陷幅值分别为 $l/1000$ 和 $l/2500$。钢材等级为 Q460、Q500、Q550、Q690。荷载类型为集中荷载、均布荷载以及二者共同作用。研究结果表明:

(1) 初始几何缺陷对焊接工字梁整体稳定承载力的影响与梁的正则化长细比 λ_b ($\lambda_b = \sqrt{\gamma_x W_x f_y / M_{cr}}$)有关,影响程度随着 λ_b 的增大而降低,当 $\lambda_b > 2.0$ 时,初始几何缺陷的影响较小。

(2) 初始几何缺陷的影响随钢材强度等级提高而降低,当初弯曲幅值由 $l/2500$ 增大至 $l/1000$ 时,Q460、Q500、Q550、Q690 高强钢焊接工字梁的弯矩依次比塑性弯矩降低 5.1%、2.8%、1.7%和 1.1%。

(3) 初始几何缺陷的影响与荷载形式无关,集中荷载和均布荷载作用下,初始几何缺陷的影响基本相同。

杨应华等[33]在仅考虑初始几何缺陷的条件下对比了 Q460 和 Q235 钢焊接工字形截面纯弯曲梁的极限承载力,发现 Q460 钢梁较 Q235 钢梁稳定承载力高, $\overline{\lambda}_b$ ($\overline{\lambda}_b = \sqrt{M_p / M_{cr}}$)在 0.5~1.2 时二者极限承载力差别明显,最大达到 3.7%。

2. 残余应力

丁阳等[34]分别计算了考虑残余应力和不考虑残余应力两种情况下高强钢焊接工字梁的弯矩，结果发现：

(1) 残余应力的影响与正则化长细比有关，对于 Q460、Q500、Q550、Q690 四种强度等级的高强钢，$\bar{\lambda}_b$ 在 1.0～1.4 时，残余应力的影响最大；随着 $\bar{\lambda}_b$ 增大，残余应力的影响逐渐降低。

(2) 残余应力的影响随钢材强度等级提高而降低。考虑残余应力时，Q460、Q500、Q550、Q690 四种高强钢焊接工字梁的弯矩依次比塑性弯矩降低 7.5%、3.1%、2.6%和 1.8%。

杨应华等[33]对比了三组 Q460 钢纯弯曲梁的极限承载力，分别为不考虑残余应力、考虑残余应力模型 1、考虑残余应力模型 4，三种情况所有梁均考虑初始几何缺陷的影响。对比发现，所有残余应力模型对梁的稳定承载力在 $\bar{\lambda}_b$=0.5～1.4 时影响都较大。

3. 钢材强度等级

丁阳等[34]对比了 Q235、Q460、Q500、Q550、Q690 钢焊接工字形截面梁的极限承载力，结果表明：

(1) 随着钢材强度等级提高，极限弯矩与塑性弯矩的比值 M_u/M_p 增大。与 Q235 钢相比，Q460、Q500、Q550、Q690 钢的 M_u/M_p 依次增加 2.8%、4.3%、4.9%和 5.7%。

(2) $\bar{\lambda}_b$ 在 1.2～1.4 时，极限弯矩提高幅度最大。与 Q235 钢相比，Q460、Q500、Q550、Q690 钢梁的极限弯矩分别提高 6.8%、8.1%、10.7%、14.0%。

4.2.3　高强钢受弯构件整体稳定的计算方法

杨应华等[33]的研究表明，Q460 高强钢焊接梁的整体稳定承载力较普通钢焊接梁有较大提高；当梁的无量纲长细比 $\bar{\lambda}_b$ >1.75 和 $\bar{\lambda}_b$ <0.75 时，有限元结果高于我国规范 GB 50017—2003 计算结果，但当 $\bar{\lambda}_b$ >1.75 时，很多有限元分析结果甚至高出弹性曲线。杨应华等[33]提出 Q460 钢焊接工字形截面梁的整体稳定计算公式如下：

$$\frac{M_x}{\varphi_b \gamma_x W_x f_y} \leqslant 1 \qquad (4\text{-}24)$$

式中，M_x 为绕强轴作用的最大弯矩；φ_b 为梁的整体稳定系数；γ_x 为截面塑性发展系数；W_x 为根据受压最大纤维确定的梁毛截面模量；f_y 为钢材的屈服强度。

梁的整体稳定系数 φ_b 为

$$\varphi_b = \frac{1}{(1 - \lambda_{b0}^{2n} + \lambda_b^{2n})^{1/n}} \leqslant 1 \tag{4-25}$$

式中，λ_{b0} 为梁的起始正则化长细比，焊接截面简支梁 λ_{b0} 取 0.4，承受横向荷载的梁 λ_{b0} 则取 0.5；n 为指数。

$$n = 2.5\sqrt[3]{b_1 / h_m} \tag{4-26}$$

式中，b_1 为受压翼缘宽度；h_m 为上、下翼缘中面之间的距离。

梁的正则化长细比 λ_b 为

$$\lambda_b = \sqrt{\frac{\gamma_x W_x f_y}{M_{cr}}} \tag{4-27}$$

式中，M_{cr} 为简支梁弹性屈曲的临界弯矩。

为了使式(4-25)适用于任意荷载，M_{cr} 采用梁临界弯矩的通式，对于两端简支双轴对称截面梁，M_{cr} 为

$$M_{cr} = C_1 \frac{\pi^2 EI_y}{l^2} \left[C_2 a + \sqrt{(C_2 a)^2 + \frac{I_w}{I_y}\left(1 + \frac{l^2 GI_t}{\pi^2 EI_w}\right)} \right] \tag{4-28}$$

式中，C_1、C_2 和 C_3 为与荷载类型有关的系数；EI_y 为绕 y 轴的抗弯刚度；GI_t 为自由扭转刚度；EI_w 为翘曲刚度；l 为梁的跨度；a 为荷载作用点与剪心之间的距离，荷载作用在剪心以下取正值，反之取负值。

施刚等[35]认为根据我国规范 GB 50017—2003 计算公式得到的焊接工字形梁的稳定系数接近试验数据的上限，偏于不安全，高强钢受弯构件的整体稳定按式(4-24)计算，φ_b 按式(4-25)计算，但对 λ_{b0} 和 n 做了修正。

对焊接截面简支梁，$\lambda_{b0} = 0.3$。对承受线性变化弯矩的悬臂梁和连续梁，$\lambda_{b0} = 0.55 - 0.25 M_2 / M_1$，$M_1$ 和 M_2 分别为区段的端弯矩，当构件产生同向曲率时取同号；当构件产生反向曲率时取异号，且 $|M_1| \geqslant |M_2|$。

n 修正后为

$$n = 2\sqrt[3]{(6 - 5\varepsilon_k')\frac{b_1}{h_m} + 1.5(1 - \varepsilon_k')} \tag{4-29}$$

式中，ε_k' 为钢材屈服强度修正系数，$\varepsilon_k' = \sqrt{460 / f_y}$。

上述研究提出的计算方法还未被我国标准 GB 50017—2017 吸收。我国标准 GB 50017—2017 仍然采用 GB 50017—2003 的公式。

下面介绍美国规范 ANSI/AISC 360-16[29]、欧洲规范 EN 1993-1-1[27]和我国标准 GB 50017—2017[28]的计算方法。

美国规范 ANSI/AISC 360-16[29]把受弯构件的强度分为塑性、弹塑性和弹性三个阶段，其中，塑性阶段为强度破坏，弹塑性和弹性阶段为整体失稳破坏。受弯构件的整体稳定承载力分别计算如下。

当 $L_p < L_b \leqslant L_r$ 时：

$$M_n = C_b \left[M_p - (M_p - 0.7 f_y S_x) \left(\frac{L_b - L_p}{L_r - L_p} \right) \right] \leqslant M_p \tag{4-30a}$$

当 $L_b > L_r$ 时：

$$M_n = F_{cr} S_x \leqslant M_p \tag{4-30b}$$

式中，M_n 为梁的名义抗弯强度；M_p 为梁的塑性铰弯矩；f_y 为钢材的屈服强度；S_x 为绕 x 轴的弹性截面模量；C_b 为侧扭屈曲修正系数；L_b 为梁受压翼缘的无支撑长度；L_p 为进入屈服阶段的侧向无支撑长度的限值；L_r 为进入非弹性弯扭屈曲的侧向无支撑长度的限值；F_{cr} 为临界应力。

欧洲规范 EN 1993-1-1[27]中梁的整体稳定计算公式为

$$\frac{M_{Ed}}{\chi_{LT} W_x f_y} \leqslant 1 \tag{4-31}$$

式中，M_{Ed} 为梁的弯矩；χ_{LT} 为梁的整体稳定系数。

梁的整体稳定系数采用与轴心受压构件的整体稳定系数相同的表达形式，计算公式为

$$\chi_{LT} = \frac{1}{\Phi_{LT} + \sqrt{\Phi_{LT}^2 - \bar{\lambda}_{LT}^2}} \tag{4-32}$$

$$\Phi_{LT} = 0.5 \left[1 + \alpha_{LT} (\bar{\lambda}_{LT} - 0.2) + \bar{\lambda}_{LT}^2 \right] \tag{4-33}$$

$$\bar{\lambda}_{LT} = \sqrt{\frac{W_x f_y}{M_{cr}}} \tag{4-34}$$

式中，M_{cr} 为梁的弹性临界弯矩；α_{LT} 为缺陷系数。

缺陷系数 α_{LT} 分为 a、b、c、d 四类。高强钢构件均为焊接截面。焊接工字形截面高宽比不大于 2 时，缺陷系数为 c 类，取 0.49；高宽比大于 2 时，缺陷系数为 d 类，取 0.76；其他截面为 d 类。

我国标准 GB 50017—2017[28]给出的梁整体稳定计算公式为

$$\frac{M_x}{\varphi_b W_x f_y} \leqslant 1 \tag{4-35}$$

梁整体稳定系数的计算公式为

$$\varphi_{\mathrm{b}} = \beta_{\mathrm{b}} \frac{4320}{\lambda_y^2} \cdot \frac{Ah}{W_x} \left[1 + \left(\frac{\lambda_y t_1}{4.4h} \right)^2 + \eta_{\mathrm{b}} \right] \varepsilon_{\mathrm{k}}^2 \tag{4-36}$$

式中，β_{b} 为等效弯矩系数；λ_y 为梁绕弱轴的长细比；A 为梁毛截面面积；h 为梁截面高度；t_1 为梁受压翼缘的厚度；η_{b} 为截面不对称系数；$\varepsilon_{\mathrm{k}} = \sqrt{235/f_y}$。

当 $\varphi_{\mathrm{b}} > 0.6$ 时，梁进入弹塑性阶段，应按式(4-37)对整体稳定系数进行修正：

$$\varphi_{\mathrm{b}}' = 1.07 - 0.282 / \varphi_{\mathrm{b}} \leqslant 1.0 \tag{4-37}$$

由于对高强钢受弯构件的整体稳定性缺乏详细而深入的研究，式(4-30)～式(4-37)是否适用于高强钢受弯构件未见报道。

4.3　高强钢压弯构件的整体稳定

4.3.1　试验方案和有限元模型

为保证构件发生整体失稳，要求试验试件和有限元模型中构件的板件宽厚比小于表 3-8 中的限值，同时要求构件长细比取 30～120。

图 3-24 中用于高强钢压弯构件局部屈曲试验的加载装置可用于本试验。加载方式为静力加载。测量仪器为位移计和应变片。测量内容有试件的实际几何尺寸、初弯曲、初偏心、轴向的压缩变形、弯矩作用平面内的最大挠度、侧向最大挠度、关键位置截面的应变以及极限承载力。

高强钢压弯构件整体稳定的有限元分析可以借助大型通用商业软件 ANSYS 或 ABAQUS 来完成，需考虑材料非线性、几何非线性以及构件的初始几何缺陷与残余应力的影响。单元可采用梁单元或壳单元。材料模型和残余应力分布模型分别见 1.3.1 小节和 2.2～2.5 节。高强钢压弯构件的初始几何缺陷为平面内或平面外初弯曲，其形状为正弦半波曲线，幅值取构件长度的 1/1000。在 ANSYS 中，定义材料模型、施加残余应力和初始几何缺陷的方法同 3.1.2 小节；荷载和边界条件的模拟同 3.3.2 小节。

4.3.2　高强钢压弯构件整体失稳的性能

对高强钢压弯构件整体稳定性研究很少，只有少数验证性试验。李国强等[36,37]分别对 6 个 Q460 钢焊接 H 形截面和 7 个 Q460 钢焊接箱形截面偏压构件进行了试验以确定其承载力，并与我国规范 GB 50017—2003 比较。MA 等[38]对 8 个 Q690 钢焊接 H 形截面偏压构件进行试验以验证美国规范 ANSI/AISC

360-16、欧洲规范 EN 1993-1-1 和我国规范 GB 50017—2003 对高强钢压弯构件的适用性。俞登科等[39]采用试验和数值积分法研究了 3 种规格(L160mm×12mm、L160mm×14mm 和 L160mm×16mm)Q420 钢双角钢十字形组合截面偏压构件的弹塑性弯曲屈曲。

通过这些研究，可了解高强钢压弯构件发生整体失稳的性能。

与高强钢轴心受压构件发生整体失稳时相同，高强钢压弯构件发生整体失稳时的荷载-变形曲线也用轴向压力-轴向压缩变形或跨中挠度曲线表示。

文献[38]中 8 个 Q690 钢焊接 H 形截面压弯构件的轴向压力-轴向压缩变形或面内跨中挠度曲线变化趋势相同。图 4-17 选取试件 EH3P 和 EH3Q 研究高强钢压弯构件的轴向压力-轴向压缩变形或面内跨中挠度曲线。这两个试件截面尺寸相同，但长度不同。由于试件是 H 形截面绕弱轴发生弯曲变形，故跨中截面的扭转变形和面外挠度均很小。

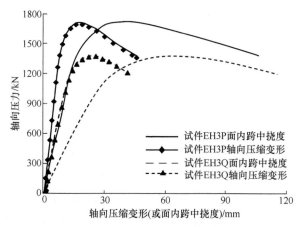

图 4-17　高强钢压弯构件的轴向压力-轴向压缩变形(或面内跨中挠度)曲线[38]

由图 4-17 可看出，由于存在初弯曲和初偏心，轴向压力-轴向压缩变形(或面内跨中挠度)曲线为极值点失稳。在起始阶段，试件处于弹性阶段，轴向压力和轴向压缩变形(或面内跨中挠度)之间为线性关系；随着轴向压力的增大，试件进入弹塑性阶段，轴向压缩变形(或面内跨中挠度)增加更快，轴向压力和轴向压缩变形(或面内跨中挠度)之间呈现非线性关系，直至达到极值点，在极值点之后，随着轴向压缩变形(或面内跨中挠度)的增大，轴向压力不断减小。

高强钢压弯构件整体稳定极限承载力的影响因素及其影响规律与高强钢轴心受压构件相同。

4.3.3　高强钢压弯构件整体稳定的计算方法

对压弯构件的整体稳定，美国规范 ANSI/AISC 360-16[29]荷载抗力系数设计法需满足式(4-38)：

当 $\dfrac{P_\mathrm{r}}{P_\mathrm{n}} \geqslant 0.2$ 时：

$$\frac{P_\mathrm{r}}{P_\mathrm{n}} + \frac{8}{9}\left(\frac{M_\mathrm{rx}}{M_\mathrm{nx}} + \frac{M_\mathrm{ry}}{M_\mathrm{ny}}\right) \leqslant 1.0 \tag{4-38a}$$

当 $\dfrac{P_\mathrm{r}}{P_\mathrm{n}} < 0.2$ 时：

$$\frac{P_\mathrm{r}}{2P_\mathrm{n}} + \left(\frac{M_\mathrm{rx}}{M_\mathrm{nx}} + \frac{M_\mathrm{ry}}{M_\mathrm{ny}}\right) \leqslant 1.0 \tag{4-38b}$$

式中，P_r 为轴心压力；P_n 为轴心受压构件的名义强度；M_rx 和 M_ry 分别为绕 x 轴和 y 轴的二阶弯矩；M_nx 和 M_ny 分别为绕 x 轴和 y 轴的名义弯矩。

对非超限构件，当发生弯曲屈曲时，P_n 由式(4-1)计算，M_nx 和 M_ny 由式(4-30)计算。

欧洲规范 EN 1993-1-1[27]中压弯构件的整体稳定计算公式如下：

$$\frac{N}{\chi_x A f_y} + k_{xx}\frac{M_x}{\chi_{\mathrm{LT}} W_x f_y} + k_{xy}\frac{M_y}{W_y f_y} \leqslant 1 \tag{4-39a}$$

$$\frac{N}{\chi_y A f_y} + k_{yx}\frac{M_x}{\chi_{\mathrm{LT}} W_x f_y} + k_{yy}\frac{M_y}{W_y f_y} \leqslant 1 \tag{4-39b}$$

式中，N 为轴心压力；M_x 和 M_y 分别为绕 x 轴和 y 轴的弯矩；χ_x 和 χ_y 分别为绕 x 轴和 y 轴的弯曲屈曲降低系数；χ_{LT} 为侧扭屈曲降低系数；k_{xx}、k_{xy}、k_{yx} 和 k_{yy} 为相关系数；W_x 和 W_y 分别为绕 x 轴和 y 轴的截面模量。

我国标准 GB 50017—2017[28]中非超限压弯构件的整体稳定分单向受弯和双向受弯两种情况。

单向受弯时稳定承载力的计算分平面内和平面外两种情况。

平面内稳定计算公式为

$$\frac{N}{\varphi_x A f_y} + \frac{\beta_{\mathrm{m}x} M_x}{\gamma_x W_{1x}(1 - 0.8N / N'_{\mathrm{E}x}) f_y} \leqslant 1 \tag{4-40}$$

平面外稳定计算公式为

$$\frac{N}{\varphi_y A f_y} + \eta\frac{\beta_{\mathrm{t}x} M_x}{\varphi_\mathrm{b} W_{1x} f_y} \leqslant 1 \tag{4-41}$$

式中，φ_x 和 φ_y 分别为轴心受压构件绕 x 轴和 y 轴弯曲的整体稳定系数；γ_x 为绕 x 轴的塑性发展系数；$\beta_{\mathrm{m}x}$ 和 $\beta_{\mathrm{t}x}$ 为等效弯矩系数；φ_b 为受弯构件的整体稳

定系数；W_{1x} 为较大受压纤维的毛截面模量；η 为截面影响系数，闭口截面 $\eta=0.7$，其他截面 $\eta=1.0$；$N'_{Ex} = \pi^2 EA / (1.1\lambda_x^2)$。

双向受弯时稳定承载力计算公式为

$$\frac{N}{\varphi_x A f_y} + \frac{\beta_{mx} M_x}{\gamma_x W_x (1-0.8N/N'_{Ex}) f_y} + \eta \frac{\beta_{ty} M_y}{\varphi_{by} W_y f_y} \leqslant 1 \qquad (4\text{-}42a)$$

$$\frac{N}{\varphi_y A f_y} + \eta \frac{\beta_{tx} M_x}{\varphi_{bx} W_x f_y} + \frac{\beta_{my} M_y}{\gamma_y W_y (1-0.8N/N'_{Ey}) f_y} \leqslant 1 \qquad (4\text{-}42b)$$

式中，γ_y 为绕 y 轴的塑性发展系数；β_{my} 和 β_{ty} 为等效弯矩系数；φ_{bx} 和 φ_{by} 为受弯构件的整体稳定系数；$N'_{Ey} = \pi^2 EA / (1.1\lambda_y^2)$。

李国强等[36,37]分别对 Q460 钢焊接 H 形和箱形截面偏压构件面内整体失稳进行了试验。研究表明，Q460 钢压弯构件承载力试验值明显高于我国规范 GB 50017—2003 设计公式计算值，也就是标准 GB 50017—2017 中的公式，即式(4-40)。

Ma 等[38]对 Q690 钢焊接 H 形截面压弯构件绕弱轴的整体稳定试验研究表明，欧洲规范 EN 1993-1-1 偏于安全，美国规范 ANSI/AISC 360-16 与试验结果比较接近，但略偏不安全，我国规范 GB 50017—2003 偏于保守，故建议 Q690 钢焊接 H 形截面压弯构件的整体稳定根据欧洲规范 EN 1993-1-1 计算。

俞登科等[39]采用试验和数值积分法研究了 3 种规格(L160mm×12mm、L160mm×14mm 和 L160mm×16mm)Q420 钢双角钢十字形组合截面偏压构件。试验结果表明，构件以整体弹塑性弯曲屈曲破坏为主。采用改进逆算单元长度法得到了轴力-弯矩相关曲线，提出了弯矩作用平面内稳定计算公式：

$$\frac{N}{\varphi_x A} + \frac{\beta_{mx} M_x}{\gamma_x W_{1x} (1-0.5N/N_E)} \leqslant f_y \qquad (4\text{-}43)$$

式中，N_E 为欧拉临界力。

施刚等[35]基于已有的试验结果，参照美国规范 ANSI/AISC 360-10 提出了高强钢压弯构件弯矩作用平面内的稳定设计公式：

$$\frac{N}{\varphi_x A} + \frac{\psi \beta_{mx} M_x}{\gamma_x W_{1x} (1-0.8N/N'_{Ex})} \leqslant f \qquad (4\text{-}44)$$

当 $\dfrac{N}{\varphi_x A f} \geqslant 0.2$ 时：

$$\psi = 0.9 \qquad (4\text{-}45a)$$

当 $\dfrac{N}{\varphi_x A f} < 0.2$ 时：

$$\psi = 1 - \frac{0.5N}{\varphi_x Af} \tag{4-45b}$$

式中，f 为钢材强度设计值。

　　需要指出的是，由于试验和有限元数值模拟中均采用钢材的屈服强度，因此本章的计算公式(包括规范公式和新提出的公式)一般情况下采用屈服强度。不能采用屈服强度的情况，采用钢材的设计强度，如式(4-44)和式(4-45)。以下各章相同。

参 考 文 献

[1] 陈绍蕃, 申红侠. 热轧高强度钢压杆的承载能力分析[J]. 建筑钢结构进展, 2011, 13(4): 1-5.

[2] 陈绍蕃, 申红侠. 论高强度钢压杆稳定计算中的屈服强度因数[J]. 建筑钢结构进展, 2011, 13(5): 1-5.

[3] 施刚, 刘钊, 班慧勇, 等. 高强度角钢轴心受压构件稳定设计方法研究[J]. 工业建筑, 2009, 39(6): 18-21.

[4] 班慧勇, 施刚, 石永久, 等. Q460 高强钢焊接箱形截面轴压构件整体稳定性能研究[J]. 建筑结构学报, 2013, 34(1): 22-29.

[5] 李国强, 王彦博, 陈素文, 等. Q460 高强钢焊接箱形柱轴心受压极限承载力参数分析[J]. 建筑结构学报, 2011, 32(11): 149-155.

[6] 王彦博, 李国强, 陈素文, 等. Q460 钢焊接 H 形柱轴心受压极限承载力试验研究[J]. 土木工程学报, 2012, 45(6): 58-64.

[7] 班慧勇, 施刚, 石永久, 等. 国产 Q460 高强钢焊接工形柱整体稳定性能研究[J]. 土木工程学报, 2013, 46(2): 1-9.

[8] BAN H Y, SHI G, SHI Y J, et al. Overall buckling behavior of 460MPa high strength steel columns: Experimental investigation and design method[J]. Journal of Constructional Steel Research, 2012, 74: 140-150.

[9] JÖNSSON J, STAN T C. European column buckling curves and finite element modeling including high strength steels[J]. Journal of Constructional Steel Research, 2017, 128: 136-151.

[10] 李国强, 王彦博, 陈素文. 高强钢焊接箱形柱轴心受压极限承载力试验研究[J]. 建筑结构学报, 2012, 33(3): 8-14.

[11] 李国强, 李天际, 王彦博. Q690 高强钢焊接箱形轴压构件整体稳定[J]. 建筑结构学报, 2017, 38(10): 1-9.

[12] RASMUSSEN K J R, HANCOCK G J. Tests of high strength steel columns[J]. Journal of Constructional Steel Research, 1995, 34 (1): 27-52.

[13] 施刚, 班慧勇, BIJLAARD F S K, 等. 端部带约束的超高强度钢材受压构件整体稳定受力性能[J]. 土木工程学报, 2011, 44(10): 17-25.

[14] 施刚, 王元清, 石永久. 高强度钢材轴心受压构件的受力性能[J]. 建筑结构学报, 2009, 30(2): 92-97.

[15] 班慧勇, 施刚, 石永久. 高强钢焊接箱形轴压构件整体稳定设计方法研究[J]. 建筑结构学报, 2014, 35(5): 57-64.

[16] 班慧勇, 施刚, 石永久. 不同等级高强钢焊接工形轴压柱整体稳定性能及设计方法研究[J]. 土木工程学报, 2014, 47(11): 19-28.

[17] BJORHOVDE R. Performance and design issues for high strength steel in structures[J]. Advances in Structural Engineering, 2010, 13(3): 403-411.

[18] SHI G, HU F X, SHI Y J. Recent research advances of high strength steel structures and codification of design specification in China[J]. International Journal of Steel Structures, 2014, 14(4): 873-887.

[19] 郭咏华, 李晓彦, 张斌, 等. 高强钢轴心受压钢管整体稳定性承载力试验研究及数值分析[J]. 工程力学, 2013, 30(8): 111-118, 132.

[20] 王辉, 李晓彦, 孙清, 等. 高强钢管轴压构件整体稳定性承载力的试验研究[J]. 工业建筑, 2014, 44(11): 145-149, 66.

[21] 李国强, 李天际, 王彦博. Q690 钢焊接 H 形截面轴压柱整体稳定性能研究及设计方法[J]. 土木工程学报, 2018, 51(2): 1-10, 31.

[22] 冯亮亮, 聂诗东, 沈乐, 等. 残余应力对焊接箱形轴压柱整体稳定性能的影响[J]. 工业建筑, 2017, 47(10): 168-174.

[23] SOMODI B, KÖVESDI B. Flexural buckling resistance of welded HSS box section members[J]. Thin-Walled Structures, 2017, 119: 266-281.

[24] KÖVESDI B, SOMODI B. Buckling resistance of HSS box section columns Part I: Stochastic numerical study[J]. Journal of Constructional Steel Research, 2018, 140: 1-10.

[25] KÖVESDI B, SOMODI B. Buckling resistance of HSS box section columns Part II: Analytical study[J]. Journal of Constructional Steel Research, 2018, 140: 25-33.

[26] SOMODI B, KÖVESDI B. Flexural buckling resistance of cold-formed HSS hollow section members[J]. Journal of Constructional Steel Research, 2017, 128: 179-192.

[27] European Committee for Standardization. Eurocode 3 — Design of Steel Structures — Part 1-1: General Rules and Rules for Buildings: EN 1993-1-1: 2005[S]. Brussels: European Committee for Standardization, 2005.

[28] 住房和城乡建设部, 国家质量监督检验检疫总局. 钢结构设计标准: GB 50017—2017[S]. 北京: 中国建筑工业出版社, 2017.

[29] American Institute of Steel Construction. Specification for Structural Steel Buildings: ANSI/AISC 360-16[S]. Chicago: American Institute of Steel Construction, 2016.

[30] 建设部, 国家质量监督检验检疫总局. 钢结构设计规范: GB 50017—2003[S]. 北京: 中国计划出版社, 2003.

[31] DEGÉE H, DETZEL A, KUHLMANN U. Interaction of global and local buckling in welded RHS compression member[J]. Journal of Constructional Steel Research, 2008, 64(7-8): 755-765.

[32] SHEN H X. On the direct strength and effective yield strength method design of medium and high strength steel welded square section columns with slender plate elements[J]. Steel and Composite Structures, 2014, 17(4): 497-516.

[33] 杨应华, 张振彬. Q460 高强钢焊接工形截面梁整体稳定分析[J]. 西安建筑科技大学学报(自然科学版), 2014, 46(5): 651-659.

[34] 丁阳, 郭鹏. 高强钢焊接工字梁整体稳定性能分析[J]. 建筑结构, 2015, 45(21): 25-29.

[35] 施刚, 朱希. 高强钢压弯和受弯构件计算模式不定性研究[J]. 工业建筑, 2016, 46(7): 32-40.

[36] 李国强, 闫晓雷, 陈素文. Q460 高强度钢材焊接 H 形截面弱轴压弯柱承载力试验研究[J]. 建筑结构学报, 2012, 33(12): 31-37.

[37] 李国强, 闫晓雷, 陈素文. Q460 高强钢焊接箱形压弯构件极限承载力试验研究[J]. 土木工程学报, 2012, 45(8): 67-73.

[38] MA T Y, HU Y F, LIU X, et al. Experimental investigation into high strength Q690 steel welded H-sections under combined compression and bending[J]. Journal of Constructional Steel Research, 2017, 138: 449-462.

[39] 俞登科, 李正良, 杨隆宇, 等. Q420 双角钢组合截面偏压构件弹塑性弯曲屈曲[J]. 土木建筑与环境工程, 2012, 34(5): 12-16.

第5章 高强钢构件局部稳定和整体稳定的相关性

目前，对于高强钢构件局部稳定和整体稳定的相关性研究主要集中在轴心受压构件和压弯构件，而受弯构件的局部-整体稳定相关性研究很少。因此，本章主要介绍高强钢轴心受压构件和压弯构件局部-整体屈曲的相关性能以及最近几年提出的新的计算方法。

5.1 试验方案和有限元模型

高强钢的局部-整体稳定相关性研究与局部稳定研究的区别在于：局部稳定研究的对象是短构件，而局部-整体稳定相关性研究的对象是中长构件。因此，第 3 章中有关高强钢轴心受压和压弯构件的试验方案(加载装置、加载方法、测量仪器以及测量的位置、位移和应变)、有限元模型(单元类型、材料模型、残余应力分布模型、残余应力施加方法、初始几何缺陷施加方法、边界条件和荷载的施加)都可用于本章的研究。本节仅介绍它们之间的不同点。

5.1.1 构件的尺寸要求

为了确保发生局部-整体相关屈曲，试验试件或有限元构件需精心设计，确定构件的长细比和板件的宽厚比。

高强钢构件局部-整体相关屈曲研究要求构件长细比一般为 20~80。由于加载设备的限制，试验试件的长细比通常为 30~60。有限元分析不受构件长度的限制，长细比的范围可以取得大一些，如 20~100，甚至更大。

板件的宽厚比要求大于表 3-1 和表 3-8 的限值。值得注意的是，美国规范 ANSI/AISC 360-16[1]和欧洲规范 EN 1993-1-1[2]规定轴心受压构件的宽厚比限值只与钢材等级有关，与构件长细比无关。我国标准 GB 50017—2017[3]规定有些截面只与钢材等级有关，有些截面只与构件长细比有关，有些则与二者均有关。这是由于美国规范 ANSI/AISC 360-16 和欧洲规范 EN 1993-1-1 均根据屈服准则来确定板件的宽厚比限值，而我国标准 GB 50017—2017 除了屈服准则外，有时采用等稳准则。屈服准则第 3 章已介绍，此处仅介绍等稳准则。

等稳准则适用于中长构件，要求板件临界应力不低于杆件的临界应力[4,5]，

即

$$\sigma_{\mathrm{cr,p}} = \frac{\chi k \pi^2 E \tau}{12(1-\nu^2)} \left(\frac{t}{b}\right)^2 \geqslant \frac{\pi^2 E \tau}{\lambda^2} \tag{5-1}$$

式中，b 和 t 分别为板件的宽度和厚度；E 和 ν 分别为钢材的弹性模量和泊松比；k 为板件的屈曲系数；χ 为嵌固系数；τ 为切线模量系数，即切线模量与弹性模量之比，$\tau = E_{\mathrm{t}}/E$，弹性范围内 $\tau = 1$；λ 为构件长细比。

式(5-1)没有考虑缺陷的影响。杆件的初弯曲使部分板件的压力大于平均值，需要将式(5-1)的右端乘以增大系数 α，即

$$\sigma_{\mathrm{cr,p}} = \frac{\chi k \pi^2 E \tau}{12(1-\nu^2)} \left(\frac{t}{b}\right)^2 \geqslant \frac{\alpha \pi^2 E \tau}{\lambda^2} \tag{5-2}$$

式中，α 的数值随板件部位变化。

由式(5-2)可得

$$b/t \leqslant \frac{0.303}{\sqrt[4]{\tau}} \lambda \sqrt{\chi k/\alpha} \tag{5-3}$$

切线模量系数 τ 由式(5-4)计算[4]：

$$\tau = \frac{(f_{\mathrm{y}} - \sigma)\sigma}{(f_{\mathrm{y}} - f_{\mathrm{p}})f_{\mathrm{p}}} \tag{5-4}$$

式中，f_{y} 为钢材的屈服强度；σ 为弹塑性阶段的杆件临界应力，$\sigma = \varphi f_{\mathrm{y}}$，$\varphi$ 为压杆的稳定系数；f_{p} 为钢材的有效比例极限，$f_{\mathrm{p}} = f_{\mathrm{y}} - \sigma_{\mathrm{rc}}$，$\sigma_{\mathrm{rc}}$ 为截面上残余压应力的最大值。

式(5-4)可写为

$$\tau = \frac{(1-\varphi)\varphi}{(1-\alpha_{\mathrm{p}})\alpha_{\mathrm{p}}} \tag{5-5}$$

式中，α_{p} 为有效比例极限系数，$\alpha_{\mathrm{p}} = f_{\mathrm{p}}/f_{\mathrm{y}}$。

稳定系数 φ 采用理想杆件的理论值：

$$\varphi = \frac{\pi^2 E \tau}{\lambda^2 f_{\mathrm{y}}} = \frac{\tau}{\bar{\lambda}^2} \tag{5-6}$$

式中，$\bar{\lambda}$ 为正则化长细比，$\bar{\lambda} = \frac{\lambda}{\pi}\sqrt{\frac{f_{\mathrm{y}}}{E}} = \frac{\lambda}{93}\sqrt{\frac{f_{\mathrm{y}}}{235}}$。

将式(5-6)代入式(5-5)得

$$\tau = \bar{\lambda}^2 \left[1 - \alpha_{\mathrm{p}}(1-\alpha_{\mathrm{p}})\bar{\lambda}^2 \right] \tag{5-7}$$

在 k、λ、α_p 和 χ 已知的条件下，由式(5-3)和式(5-7)即可计算 b/t 的限值。

采用屈服准则和等稳准则，文献[4]和文献[5]得到的板件宽厚比限值如下：

对热轧单角钢：

当 $\lambda \leqslant 73\varepsilon$ 时：

$$b/t \leqslant 15\varepsilon \tag{5-8a}$$

当 $\lambda > 73\varepsilon$ 时：

$$b/t \leqslant 5\varepsilon + 0.135\lambda \tag{5-8b}$$

式中，$\varepsilon = \sqrt{235/f_y}$；$\lambda$ 为热轧单角钢对非对称主轴的长细比；b 和 t 分别为热轧单角钢平板的宽度和厚度。

我国标准 GB 50017—2017 将其修改为

当 $\lambda \leqslant 80\varepsilon$ 时：

$$b/t \leqslant 15\varepsilon \tag{5-9a}$$

当 $\lambda > 80\varepsilon$ 时：

$$b/t \leqslant 5\varepsilon + 0.125\lambda \tag{5-9b}$$

对焊接工字形翼缘[4]：

当 $\lambda \leqslant 70\varepsilon$ 时：

$$b_1/t_f \leqslant 14\varepsilon \tag{5-10a}$$

当 $\lambda > 70\varepsilon$ 时：

$$b_1/t_f \leqslant 6\varepsilon + 0.115\lambda \tag{5-10b}$$

式中，b_1 和 t_f 分别为翼缘的外伸宽度和厚度；λ 为构件的较大长细比，当 $\lambda > 120$ 时，取 $\lambda = 120$。

对焊接工字形腹板[4]：

当 $\lambda \leqslant 63\varepsilon$ 时：

$$h_w/t_w \leqslant 42\varepsilon \tag{5-11a}$$

当 $\lambda > 63\varepsilon$ 时：

$$h_w/t_w \leqslant 20\varepsilon + 0.35\lambda \tag{5-11b}$$

式中，h_w 和 t_w 分别为腹板的高度和厚度；λ 取值与式(5-10b)相同。

焊接箱形截面壁板[4]也可用式(5-11a)和式(5-11b)计算。

5.1.2　有限元模型中的几何缺陷

与高强钢构件的局部屈曲和整体屈曲相同，高强钢轴心受压和偏心受压构件局部-整体相关屈曲的有限元模型也要考虑初始几何缺陷。该缺陷既包括板件的初始几何缺陷，又包括构件的初始几何缺陷。

板件的初始几何缺陷的形状、幅值以及缺陷的施加方法见第 3 章有关内容。构件的初始几何缺陷的形状、幅值以及缺陷的施加方法见第 4 章有关内容。

5.1.3 有限元模型验证

以下有限元模拟均采用有限元软件 ANSYS。

1. 轴心受压构件

对于高强钢轴心受压构件，为了验证有限元模型的正确性，选取文献[6]和[7]中的 21 个轴心受压试件进行数值模拟。模拟中试件的几何尺寸、构件的初始几何缺陷、材料的应力和应变关系、残余应力的分布模式均采用实测值。计算结果见表 5-1。表 5-1 中，试件编号中的 S 和 R 分别表示方形管和矩形管截面，S、R 后的第一个数字表示试件长细比，第二个数字表示受压翼缘的宽厚比；φ_t 是试验测得的稳定系数，φ_f 是有限元计算的稳定系数。经分析可知，φ_f / φ_t 的变化范围为 0.901～1.075，平均值为 0.999，标准差为 4.78%，有限元模拟结果和试验结果吻合较好。

表 5-1 有限元模拟结果与试验结果[6,7]的比较

试件编号	φ_t	φ_f	φ_f / φ_t	试件编号	φ_t	φ_f	φ_f / φ_t
S-35-22[6]	0.852	0.829	0.973	R-50-44[6]	0.579	0.589	1.017
S-35-33[6]	0.722	0.732	1.014	R-65-22[6]	0.593	0.594	1.002
S-35-38[6]	0.621	0.626	1.008	R-65-27[6]	0.637	0.574	0.901
S-35-44[6]	0.544	0.549	1.009	R-65-33[6]	0.585	0.613	1.048
S-50-22[6]	0.740	0.694	0.938	R-40-29[7]	0.798	0.770	0.965
S-50-27[6]	0.672	0.684	1.018	R-40-44[7]	0.644	0.651	1.011
S-50-33[6]	0.670	0.708	1.057	R-40-58[7]	0.498	0.484	0.972
R-50-22[6]	0.743	0.687	0.925	R-65-29[7]	0.619	0.654	1.057
R-50-27[6]	0.731	0.678	0.927	R-65-44[7]	0.521	0.533	1.023
R-50-33[6]	0.709	0.699	0.986	R-65-58[7]	0.441	0.462	1.048
R-50-38[6]	0.639	0.687	1.075				

2. 单向压弯构件

对于高强钢压弯构件，为了验证有限元模型的正确性，计算了文献[7]中的 11 个偏心受压试件，计算结果见表 5-2。表 5-2 中，试件编号中的 E 表示偏压，R 和 S 分别表示矩形管和方形管截面，E、R、S 后的第一个数字表示试件长细

比，第二个数字表示受压翼缘的宽厚比，e_1 和 e_2 为荷载偏心距；P_t 是试验测得的极限承载力；P_u 是有限元计算的极限承载力。经分析可知，P_u/P_t 最大值为 1.084，最小值为 0.988，平均值为 1.039，标准差为 3.4%。除试件 ER-65-44e_2 和 ES-40-44e_1 误差稍大外，其余试件结果吻合较好，故有限元模型能够较好地模拟高强钢焊接箱形截面单向偏心受压构件的局部-整体相关屈曲承载力。

表 5-2　有限元模拟结果与试验结果[7]的比较

试件编号	P_t/kN	P_u/kN	P_u/P_t	试件编号	P_t/kN	P_u/kN	P_u/P_t
ER-40-29e_1	742	750.92	1.012	ER-65-58e_1	743	794.25	1.069
ER-40-44e_1	906	903.67	0.997	ER-65-44e_2	593	639.79	1.079
ER-40-58e_1	932	984.25	1.056	ER-65-58e_2	639	676.47	1.059
ER-40-44e_2	743	763.01	1.027	ES-40-44e_1	914	990.60	1.084
ER-65-29e_1	524	527.13	1.006	ES-40-58e_1	986	974.15	0.988
ER-65-44e_1	740	776.47	1.049				
P_u/P_t平均值=1.039，标准差=3.4%							

3. 双向压弯构件

由于缺乏高强钢薄壁双向压弯构件的试验资料，选取文献[8]来验证有限元模型。文献[8]对 28 个实测屈服强度 f_y 分别为 353MPa、268MPa 和 293MPa 的焊接薄壁箱形截面试件进行偏压试验，其中 10 个为单向偏压，以单个字母 X 或 Y 表示，见表 5-3；18 个为双向偏压，以 XY 表示。试件截面有方形管(以 S 表示)和矩形管(以 R 表示)。S 和 R 后的第一个数字表示板件的高厚比(h/t)，第二个数字表示绕弱轴的长细比。表 5-3 还给出了试件的初偏心 e_x、e_y 及试验结果 P_{exp} 和有限元模拟结果 P_{fem}。由表 5-3 可知，试验结果和有限元模拟结果比值 P_{exp}/P_{fem} 的最大值为 1.12，最小值为 0.86，平均值为 0.97，标准差为 6.8%，故有限元模型能够较好地模拟薄壁箱形双向偏压构件的局部-整体相关屈曲承载力。

表 5-3　有限元结果和试验结果[8]比较

试件编号	e_x/mm	e_y/mm	f_y/(N/mm²)	P_{exp}/kN	P_{fem}/kN	P_{exp}/P_{fem}
X-S-30-85	15	0	353	209.99	204.62	1.03
XY-S-30-85a	5	10	353	224.62	207.84	1.08
XY-S-30-85b	5	5	353	254.37	227.88	1.12
X-S-45-57	15	0	353	325.30	334.81	0.97
XY-S-45-57a	5	15	353	312.24	330.87	0.94

续表

试件编号	e_x/mm	e_y/mm	f_y/(N/mm²)	P_{exp}/kN	P_{fem}/kN	P_{exp}/P_{fem}
XY-S-45-57b	15	15	353	286.74	306.55	0.94
X-S-52-48	20	0	353	324.73	317.24	1.02
XY-S-52-48a	15	10	353	338.72	314.20	1.08
XY-S-52-48b	10	10	353	348.63	335.61	1.04
Y-S-64-64	0	10	268	114.39	117.42	0.97
XY-S-64-64a	10	5	268	108.18	115.63	0.94
XY-S-64-64b	15	15	268	83.25	88.30	0.94
X-S-75-55	15	0	268	118.11	124.63	0.95
XY-S-75-55a	15	10	268	109.24	117.73	0.93
XY-S-75-55b	15	15	268	102.63	113.60	0.90
Y-S-85-48	0	20	268	117.66	124.50	0.95
XY-S-85-48a	20	10	268	115.30	121.50	0.95
XY-S-85-48b	15	15	268	111.59	120.00	0.93
X-R-53-64	19	0	293	261.76	251.57	1.04
XY-R-53-64a	20	10	293	260.37	237.00	1.10
XY-R-53-64b	20	20	293	236.70	237.00	1.00
XY-R-53-64c	10	20	293	268.97	264.00	1.02
Y-R-53-64	0	20	293	311.95	314.78	0.99
X-R-86-62	20	0	268	105.21	114.06	0.92
XY-R-86-62a	20	10	268	97.14	110.85	0.88
XY-R-86-62b	20	20	268	93.72	109.21	0.86
XY-R-86-62c	10	20	268	102.72	115.50	0.89
Y-R-86-62	0	20	268	114.52	123.00	0.93
平均值						0.97
标准差						6.8%

为了进一步比较有限元模拟和试验结果，选取代表性试件分析其荷载-变形曲线。图 5-1 是代表性试件轴向压力和轴向压缩变形曲线有限元结果和试验结果的比较。图 5-1 中的分图分别表示两个试件的比较结果，其中，图 5-1(a)是试件 XY-S-45-57a 和 XY-S-45-57b；图 5-1(b)是试件 XY-S-52-48a 和 XY-S-52-48b；图 5-1(c)是试件 XY-S-75-55a 和 XY-S-75-55b；图 5-1(d)是试件 XY-S-85-48a 和 XY-S-85-48b。图 5-1(a)～(d)中，a(T)和 b(T)分别表示两个试件的试验结果，a(F)和 b(F)分别表示两个试件的有限元结果。由图 5-1 可知，在曲线的上升段，有限元得到的曲线的斜率普遍高于试验曲线的斜率，但有限元得到的极限承载力和试验结果相差不大。

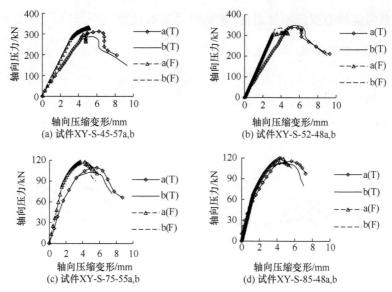

图 5-1　代表性试件轴向压力和轴向压缩变形曲线有限元结果和试验结果比较

5.2　高强钢轴心受压构件局部-整体相关屈曲

高强钢轴心受压构件局部-整体相关屈曲性能的研究非常有限[6,7,9-11]。20世纪 80 年代初，USAMI 和 FUKUMOTO[6,7]分别对 HT80 钢和 SM58 钢焊接箱形截面轴压柱的局部-整体相关屈曲进行了试验研究。文献[6]中，HT80 钢的名义屈服强度 $f_y = 690\text{MPa}$，板件的宽厚比分别为 22、27、33、38 和 44，构件的长细比分别为 10、35、50 和 65；文献[7]中，SM58 钢的名义屈服强度 $f_y = 460\text{MPa}$，板件的宽厚比分别为 29、44 和 58，构件的长细比分别为 10、40 和 65。2008 年，DEGÉE 等[9]对 S355、S460 和 S690 钢薄壁箱形柱的局部-整体相关屈曲进行了试验和有限元分析。其中，f_y 分别为 355MPa、460MPa 和 690MPa，柱子的正则化长细比 $\overline{\lambda} = 0.35\sim1.4$，板件正则化长细比 $\overline{\lambda}_p = 0.65\sim1.75$。近些年，申红侠[10,11]采用有限元软件模拟了 Q420 钢和 SM58 钢焊接方管柱的局部-整体相关屈曲性能及极限承载力。Q420 钢，板件的宽厚比分别为 40、50、60 和70；SM58 钢，板件宽厚比分别为 35、40、45、50、55 和 60。构件的长细比分别为 20、40、60 和 80。基于试验和有限元分析结果，介绍高强钢焊接箱形轴心受压构件的局部-整体相关屈曲性能以及极限承载力的影响因素。

5.2.1　高强钢轴心受压构件局部-整体相关屈曲性能

1. 荷载-变形曲线

图 5-2 和图 5-3 是板件宽厚比(b/t)为定值时,不同长细比下 Q420 钢和 SM58 钢焊接薄壁箱形截面轴心受压构件的轴向压力和轴向压缩变形(U_z)曲线。由图 5-2 和图 5-3 可知,虽然钢材种类和板件宽厚比不同,但表现出的性能是相同的。

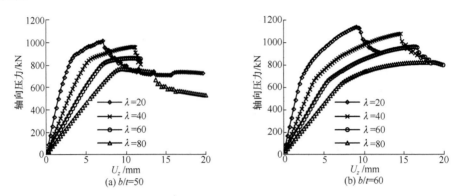

图 5-2　不同长细比下 Q420 钢焊接薄壁箱形截面轴心受压构件的轴向
压力和轴向压缩变形曲线

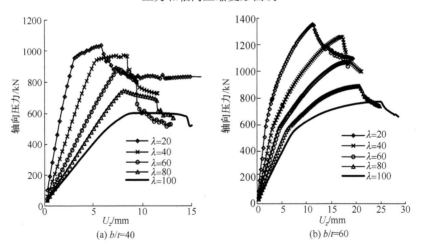

图 5-3　不同长细比下 SM58 钢焊接薄壁箱形截面轴心受压构件的轴向
压力和轴向压缩变形曲线

由于板件和杆件的初始弯曲变形,因此一开始加载便产生局部和整体弯曲变形。随着轴向压力增大,两种弯曲变形不断增大,并且相互作用。这与试验观察到的现象略有不同。通常,试验中首先观察到的是板件局部屈曲,随后是整体屈曲。局部屈曲后，杆件并未达到极限状态，还有很高的屈曲后强度[6,7]。

根据屈曲后性能的不同，高强钢焊接薄壁箱形截面轴心受压构件的轴向压力和轴向压缩变形曲线可分为三类：

对于短柱，如 $\lambda = 20$，局部屈曲比整体屈曲发展得更快。轴向压力和轴向压缩变形曲线由两部分组成：上升段和下降段。达到极限承载力后，由于过大的局部变形而产生突然破坏，而此时的整体屈曲变形还较小，轴向压力和轴向压缩变形曲线有较陡的下降段。试验中也观察到这种现象[9]。

对于中长柱，$\lambda = 60$ 和 80，局部屈曲和整体屈曲同时发展，很难区分哪一个发展得更快。与短柱相同，其轴向压力和轴向压缩变形曲线也分上升段和下降段，但在达到极限承载力后曲线下降缓慢，极限承载力后表现出较高的承载力保持能力。

对于长柱，$\lambda = 100$，整体屈曲变形发展得更快，特别是出现非线性后。轴向压力和轴向压缩变形曲线近似水平[图 5-3(a)]，构件表现出较好的承载力保持能力和良好的延性。USAMI 和 FUKUMOTO[6]在试验中也观察到这种现象。

2. 极限承载力的影响因素

影响高强钢焊接箱形截面轴心受压构件局部-整体相关屈曲极限承载力的主要因素有初始几何缺陷幅值、残余应力、材料应变强化、板件宽厚比、构件长细比和高强钢材强度。

1) 初始几何缺陷幅值

高强钢焊接薄壁截面柱对于初始几何缺陷变化是非常敏感的。DEGÉE 等[9]数值模拟了 5 种不同初始几何缺陷幅值组合下高强钢焊接薄壁箱形截面柱子的极限承载力。表 5-4 给出了 5 种组合的局部和整体初始几何缺陷幅值。表 5-4 中，b 和 l 分别为板件的宽度和杆件的长度。组合 1～组合 4 没有考虑残余应力，而是采用放大系数的形式将残余应力等效为局部或整体初始几何缺陷。例如，组合 2 把局部初始几何缺陷幅值改为 $b/250$；组合 5 考虑了残余应力。

表 5-4　5 种组合的局部和整体初始几何缺陷幅值

组合	组合 1	组合 2	组合 3	组合 4	组合 5
局部初始几何缺陷幅值	$b/1000$	$b/250$	$b/1000$	$b/250$	$b/1000$
整体初始几何缺陷幅值	$l/1000$	$l/1000$	$l/250$	$l/250$	$l/1000$
残余应力	无	无	无	无	有

研究表明，组合 2 和组合 5 是较合理的组合，即考虑残余应力时，局部初始几何缺陷幅值取 $b/1000$，整体初始几何缺陷幅值取 $l/1000$ 比较合理；不考虑

残余应力时，整体初始几何缺陷幅值仍取 $l/1000$，局部初始几何缺陷幅值需放大至 $b/250$。

图 5-4 为不同初始几何缺陷幅值组合(组合 2、组合 3 和组合 4)的有限元计算结果比较。图 5-4 中，横坐标为构件正则化长细比 $\bar{\lambda} = \dfrac{\lambda}{\pi}\sqrt{\dfrac{f_y}{E}}$；$V_2/V_5$、$V_3/V_5$ 和 V_4/V_5 分别表示组合 2、组合 3 和组合 4 有限元结果与组合 5 有限元结果之比。相对于组合 5，组合 2 计算结果高出 0～5%；组合 3 和组合 4 的计算值分别低 10%～20%和 15%～25%。这表明初始几何缺陷的大小对高强钢焊接薄壁箱形截面轴心受压构件的极限承载力影响很大。文献[12]也有类似发现。

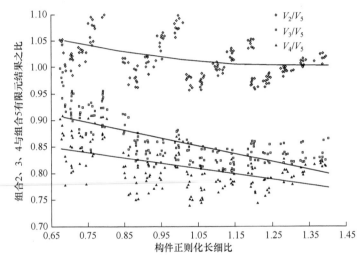

图 5-4　不同初始几何缺陷幅值组合有限元计算结果比较[9]

2) 残余应力

图 5-5 是考虑残余应力(组合 5)和不考虑残余应力(组合 1)有限元计算结果的比较[9]。由图 5-5 可知，组合 5 与组合 1 有限元计算结果之比均小于 1，表明残余应力降低了高强钢焊接薄壁箱形截面轴心受压构件的极限承载力。对短柱，组合 5 与组合 1 有限元计算结果之比在 0.72～0.80 变化，而对长柱，组合 5 与组合 1 有限元计算结果之比在 0.90～0.93 变化，表明残余应力对短柱的影响较大，对长柱的影响较小。对短柱，S355 钢的计算结果普遍高于 S460 钢的计算结果，同样，S460 钢的计算结果普遍高于 S690，表明钢材强度越高，残余应力影响越大。

另外，残余应力对极限承载力的影响也与板件的宽厚比有关。板件的宽厚比越大，残余压应力峰值越小，极限承载力越大。

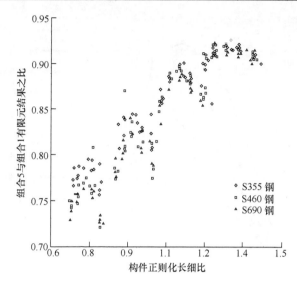

图 5-5　考虑残余应力和不考虑残余应力有限元计算结果比较[9]

3) 材料应变强化

申红侠[12]采用两种材料模型分析了 Q235 钢焊接薄壁方管的局部-整体相关屈曲极限承载力。模型 1 为理想弹塑性模型，模型 2 为双线性模型，强化段的切线模量为 2%E，E 为弹性模量。Q235 钢不是高强钢，但它的材料模型同样适用于 Q420 钢和 Q460 钢。因此，材料模型对于 Q235 钢焊接薄壁方管极限承载力的影响也适用于强度等级不高的高强钢。

Q235 钢焊接薄壁方管采用上述两种材料模型的计算结果如图 5-6，板件的宽厚比为 40。由图 5-6 可知，除了短柱，材料模型几乎对焊接薄壁箱形截面轴心受压构件的屈曲性能无影响。对于短柱，达到极限承载力后，模型 2 的计算结果高于模型 1，说明模型 2 具有较高的承载力保持能力；随着柱子长度的增大，两种模型计算结果的差异越来越小；对于长柱，两种模型的计算结果几乎重合在一起，极限承载力也非常接近。PIRCHER 等[13]在模拟名义屈服强度为282MPa 的箱形截面柱时也得出同样的结论。

事实上，高强钢的实测屈服强度与抗拉强度之比高于普通钢材，并且，强度等级越高，比值越高，也就是说高强钢应力-应变模型强化段的斜率低于普通钢。因此，高强钢材料强化段对极限承载力的影响会更小。

4) 板件宽厚比

图 5-7 为不同板件宽厚比下(b/t=29、35、40、45、50、55 和 60)SM58 钢焊接箱形截面轴压构件柱子曲线[10]。图 5-7 中横坐标为构件长细比 λ 除以钢材屈服强度因子 $\sqrt{235/f_y}$，即 $\lambda\sqrt{f_y/235}$。图 5-7(a)为极限承载力-$\lambda\sqrt{f_y/235}$ 曲线；

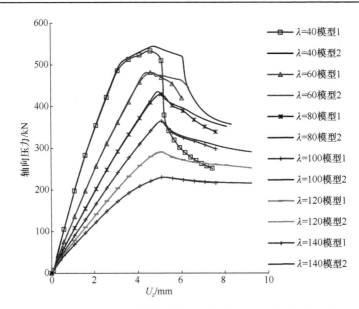

图 5-6　Q235 钢焊接薄壁方管两种材料模型计算结果[12]

图 5-7(b)为稳定系数 φ-$\lambda\sqrt{f_\mathrm{u}/235}$ 曲线，$\varphi=P_\mathrm{u}/(Af_\mathrm{y})$，$P_\mathrm{u}$ 为构件极限承载力，A 为毛截面面积。其中，b/t=29 代表非薄柔截面；b/t=35、40、45、50、55 和 60 则是薄柔截面。根据我国标准 GB 50017—2017，箱形截面板件宽厚比的限值为 $40\sqrt{235/460}\approx28.6$，因此 b/t 取 29。另外，图 5-7(b)中还包括我国标准 GB 50017—2017 规定的 a 类截面的 φ 系数曲线，以便与 b/t=29 的柱子曲线比较。

　　由图 5-7(a)可以看出，在构件长细比 λ 相同的情况下，薄柔截面构件的极限承载力普遍高于非薄柔截面构件的极限承载力，这种差异在构件长细比较小时不是太大，但随着构件长细比增大，差别越来越大；对薄柔构件，随着板件宽厚比增大，极限承载力增大。相反，由图 5-7(b)可知，随着板件宽厚比增大，φ 却降低。

　　另外，由图 5-7(b)可知，b/t=29 的柱子曲线和我国标准 GB 50017—2017 中 a 类截面的稳定系数 φ 非常接近，且大部分情况下略高于 a 类曲线。实际上，b/t=29 的柱子曲线是薄柔截面和非薄柔截面之间的界限值，它的值在 $\lambda\leqslant80$ 时是非薄柔截面构件稳定系数 φ 的下限值。因此，建议对宽厚比未超限 SM58 钢焊接箱形截面按 a 类曲线取值，而不是我国标准 GB 50017—2017 推荐的 b 类曲线。

　　5) 构件长细比

　　由图 5-7 可知，在板件宽厚比相同的情况下，随着构件长细比的增大，高强钢焊接薄壁箱形截面轴压构件的极限承载力和稳定系数均降低。

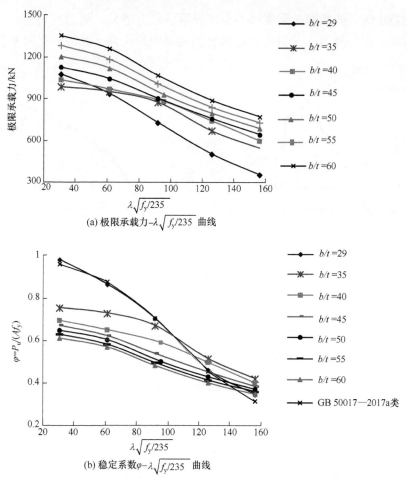

图 5-7　不同板件宽厚比下 SM58 钢焊接箱形截面轴压构件柱子曲线[10]

6) 高强钢材强度

申红侠[10,14]数值模拟了 Q420、SM58 和 HT80 钢焊接薄壁箱形截面轴压构件的极限承载力。图 5-8 分别是 b/t=40、λ=60 和 b/t=60、λ=60 时三种不同钢材的轴向压力和轴向压缩变形(U_z)曲线。由图 5-8 可知，当板件宽厚比和构件长细比相同时，在轴向压力和轴向压缩变形的线性段，三条曲线几乎重合在一起，这是因为三种钢材的弹性模量基本相同；在非线性段，由于刚度不同，三条曲线表现出的性能略微不同，极限承载力也不同。一般的，随着高强钢强度的提高，极限承载力增大，但在图 5-8(b)中，HT80 钢的极限承载力却下降。这可能有两个方面的原因：一方面，当高强钢强度增大时，残余压应力增大，使得极限承载力降低；另一方面，当高强钢的材料强度提高时，板件宽厚比限值减小，使得局部屈曲影响更为显著，极限承载力减小，如图 5-8(b)的 SM58

钢和 HT80 钢。虽然钢材强度增大会使极限承载力增大，但当材料强度增大到某一值时，这种提高不足以抵消前两种因素导致的下降，最终的极限承载力还是会下降。

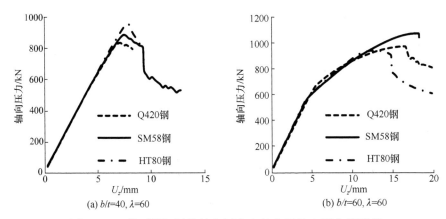

图 5-8　三种不同钢材的轴向压力和轴向压缩变形曲线[10,13]

5.2.2　高强钢轴心受压构件局部-整体相关屈曲的计算方法

1. 已有规范的计算方法

对冷弯薄壁轴心受压构件局部-整体相关屈曲性能的大量研究产生了两种基本的计算方法：有效宽度法和直接强度法。在现有规范或已有研究中，这两种方法也被用于计算焊接薄壁轴心受压构件的局部-整体相关屈曲承载力。

1) 有效宽度法

有效宽度法是一种非常有效且应用最广的方法，被一些规范所吸收，如美国规范 ANSI/AISC 360-10 和 ANSI/AISC 360-16、欧洲规范 EN 1993-1 和我国标准 GB 50017—2017。

美国规范 ANSI/AISC 360-10[15]和 ANSI/AISC 360-16[1]将板件宽厚比超限的构件称为薄柔板元构件(slender element members)。

对薄柔截面轴心受压构件的承载力，美国规范 ANSI/AISC 360-10[15]按毛截面计算，即

$$P_n = F_{cr}A \tag{5-12}$$

式中，A 为毛截面面积；F_{cr} 为薄柔截面构件的临界应力。

F_{cr} 与轴压构件发生屈曲变形的形式有关，当构件发生弯曲屈曲时，如焊接工字形、焊接箱形和焊接圆管截面，其计算公式为

当 $\dfrac{ul}{i} \leqslant 4.71\sqrt{\dfrac{E}{Qf_{y}}}$ 时：

$$F_{cr} = Q\left(0.658^{\frac{Qf_{y}}{F_{e}}}\right)f_{y} \tag{5-13a}$$

当 $\dfrac{ul}{i} > 4.71\sqrt{\dfrac{E}{Qf_{y}}}$ 时：

$$F_{cr} = 0.877F_{e} \tag{5-13b}$$

式中，u 为计算长度系数；l 为构件的长度；i 为回转半径；E 为钢材的弹性模量；Q 为强度折减系数，按第 3 章相关公式计算；f_{y} 为钢材的屈服强度；F_{e} 为弹性临界应力，$F_{e} = \pi^{2}E/(ul/i)^{2}$。

美国规范 ANSI/AISC 360-16[1]对 ANSI/AISC 360-10 公式进行了修改。将公式(5-12)中的毛截面面积改为有效截面面积，去掉公式(5-13)中的系数 Q，即公式(5-12)和公式(5-13)分别变为

$$P_{n} = F_{cr}A_{e} \tag{5-14}$$

当 $\dfrac{ul}{i} \leqslant 4.71\sqrt{\dfrac{E}{f_{y}}}$ 时：

$$F_{cr} = \left(0.658^{\frac{f_{y}}{F_{e}}}\right)f_{y} \tag{5-15a}$$

当 $\dfrac{ul}{i} > 4.71\sqrt{\dfrac{E}{f_{y}}}$ 时：

$$F_{cr} = 0.877F_{e} \tag{5-15b}$$

式中，A_{e} 为有效截面面积。

对于焊接圆管，A_{e} 按式(3-27a)和式(3-27b)计算；对于热轧单角钢、焊接工字形和焊接箱形截面，先由式(3-24a)和式(3-24b)算出有效宽度，再通过有效宽度计算有效截面。

SHEN[12]采用有限元法研究了 Q235 钢焊接薄壁方管轴压构件的局部-整体相关屈曲承载力，并与式(5-12)和式(5-13)的计算结果比较。结果表明，除了板件宽厚比 b/t=60，构件长细比 λ = 180、200 的构件外，美国规范 ANSI/AISC 360-10 能够很好地预测 Q235 钢焊接薄壁方管轴压构件的局部-整体相关屈曲承载力。不过，实际工程中很难出现如此大长细比(λ = 180,200)的轴压构件。美国规范 ANSI/AISC 360-10 是否适用于高强钢焊接薄壁轴心受压构件，还未见相

关的报道。申红侠等[16]整理了名义屈服强度为 235～690MPa 钢焊接薄壁箱形截面轴心受压构件的试验结果和有限元结果，并验证了规范 ANSI/AISC 360-16 相关条文的适用性。已有试验和有限元结果表明，美国规范 ANSI/AISC 360-16 偏不安全。

欧洲规范 EN 1993-1-1[2]把宽厚比超限的截面称为第 4 类截面(class-4 sections)。根据 EN 1993-1-5[17]，第 4 类截面轴心受压构件的屈曲抗力为

$$N_{Rd} = \chi A_e f_y \tag{5-16}$$

式中，A_e 为有效截面面积，需先由式(3-28a)～式(3-29b)确定有效宽度系数，然后再计算；χ 为构件屈曲降低系数；f_y 为钢材的屈服强度。

χ 通过式(5-17)确定：

$$\chi = \frac{1}{\Phi + \sqrt{\Phi^2 - \overline{\lambda}^2}} \leqslant 1.0 \tag{5-17}$$

$$\Phi = 0.5\left[1 + \alpha(\overline{\lambda} - 0.2) + \overline{\lambda}^2\right] \tag{5-18}$$

$$\overline{\lambda} = \sqrt{\frac{A_e f_y}{N_{cr}}} = \sqrt{\frac{A_e}{A}} \cdot \frac{L_{cr}}{i\lambda_1} = \beta\frac{L_{cr}}{i\lambda_1} = \beta\overline{\lambda}_c \tag{5-19}$$

式中，α 为缺陷系数；N_{cr} 为构件的临界力；A 为毛截面面积；L_{cr} 为构件屈曲长度；i 为回转半径；λ_1 为欧拉长细比，$\lambda_1 = \pi\sqrt{E/f_y} = 93.9\sqrt{235/f_y}$；$\beta$ 为修正系数；$\overline{\lambda}_c$ 为轴心受压构件正则化长细比。

DEGÉE 等[9]对 S355、S460 和 S690 钢薄壁箱形柱的局部-整体相关屈曲进行了试验和有限元分析，以验证欧洲规范 EN 1993-1-1 和 EN 1993-1-5 对高强钢焊接薄壁柱的适用性。整个研究包括两部分：第一部分为 S355、S460 和 S690 钢焊接薄壁方形管试验和有限元模拟，其板件正则化长细比为 $\overline{\lambda}_p = 0.7\sim1.1$，柱子的正则化长细比为 $\overline{\lambda} = 0.8\sim1.4$；第二部分为 S355 和 S690 钢焊接薄壁矩形管有限元模拟，其 $\overline{\lambda}_p = 0.65\sim1.75$，$\overline{\lambda} = 0.35\sim1.25$。第一部分的试验和有限元结果均高于欧洲规范 EN 1993-1-1 和 EN 1993-1-5 所推荐的 b 类曲线，甚至高于 a 类曲线，表明欧洲规范对于高强钢焊接薄壁方形管是非常保守的。因此，对高强钢焊接薄壁方形管建议用 a 类曲线代替规范规定的 b 类曲线。第二部分研究结果表明，欧洲规范不能很好地预测高强钢焊接薄壁矩形管的承载力，有时甚至不安全，因此需进行修正。

我国标准 GB 50017—2017 中对于宽厚比超限的轴压构件稳定承载力的计算在表达形式上与欧洲规范 EN 1993-1-5 相同，计算如下：

$$N_u = \varphi A_e f_y \tag{5-20}$$

式中，φ 为轴压构件的稳定系数；A_e 为有效截面面积，有效宽度系数由第 3 章式(3-31a)～式(3-34)计算。

申红侠等[16]根据我国标准 GB 50017—2017，将公式(5-20)用于名义屈服强度为 235～690MPa 钢焊接薄壁箱形截面轴心受压构件，并与试验结果、有限元结果比较以验证其适用性。计算中 φ 分别按 a 类和 b 类截面取值。结果表明，我国标准 GB 50017—2017 按 b 类截面计算较为保守，特别是对大长细比和大宽厚比构件，如果按 a 类截面计算则偏不安全。

2) 直接强度法

直接强度法最早由 SCHAFER 教授[18]提出，后来被很多学者进一步发展。作为计算冷弯薄壁构件的另外一种方法，直接强度法被北美冷弯薄壁型钢规范 AISI S100-04 正式吸收列入附录。目前与有效宽度法一样，已被规范 AISI S100-16 列入主体条文[19]。试验和有限元结果表明，直接强度法也适用于焊接薄壁轴压构件。

对轴心受压构件，直接强度法计算公式[18]如下：

当 $\lambda_1 \leqslant 0.776$ 时：

$$P_1 = P_m \tag{5-21a}$$

当 $\lambda_1 > 0.776$ 时：

$$P_1 = \left[1 - 0.15 \left(\frac{P_{cr,l}}{P_m} \right)^{0.4} \right] \left(\frac{P_{cr,l}}{P_m} \right)^{0.4} P_m \tag{5-21b}$$

$$\lambda_1 = \sqrt{P_m / P_{cr,l}} \tag{5-22}$$

式中，P_1 为采用直接强度法得到的轴压构件的承载力；P_m 为轴压构件整体稳定承载力，其表达式为

$$P_m = \varphi A f_y \tag{5-23}$$

$P_{cr,l}$ 为轴压构件局部屈曲荷载，由式(5-24)计算：

$$P_{cr,l} = \sigma_{cr,l} A \tag{5-24}$$

式中，$\sigma_{cr,l}$ 为均匀受压板的临界屈曲应力，对四边简支板，其值为

$$\sigma_{cr,l} = \frac{4\pi^2 E}{12(1-\nu^2)} \left(\frac{t}{b} \right)^2 \tag{5-25}$$

公式(5-23)中系数 φ 的取值需详细讨论。SHEN[11]数值模拟了 Q345、Q390、Q420 和 SM58 钢焊接方管轴压构件的极限承载力，板件宽厚比取各自的界限

值且大于 20，并将数值模拟结果 φ 与我国规范 GB 50017—2003 中 a 类、b 类曲线得到的结果 φ_a 和 φ_b 比较。结果发现，φ/φ_a 的最大值为 1.13，最小值为 0.98，平均值为 1.05；φ/φ_b 的最大值为 1.29，最小值为 1.05，平均值为 1.14；所有计算结果均高于规范 GB 50017—2003 推荐的 b 类曲线，大部分甚至高于 a 类曲线。由于规范 GB 50017—2003 确定柱子曲线时采用的是平均值，而不是下限值，因此应采用曲线 a 代替曲线 b 来确定板件宽厚比(b/t)大于 20 的高强钢焊接箱形轴压构件的整体稳定承载力。DEGÉE 等[9]对于 S355、S460 和 S690 钢薄壁箱形柱的局部-整体相关屈曲研究也建议，对高强钢焊接薄壁方形管采用欧洲规范 EN 1993-1-1 中的 a 类曲线代替规范规定的 b 类曲线。虽然 GB 50017—2003 和 EN 1993-1-1 确定稳定系数时采用的等效缺陷系数不同，但 GB 50017—2003 中的 a、b 和 c 三条柱子曲线非常接近于 EN 1993-1-1 中的 a、b 和 c 三条柱子曲线。因此，建议 $b/t>20$ 的 Q345、Q390、Q420 和 SM58 钢焊接方管，其整体稳定系数根据规范 GB 50017—2003 中的 a 类曲线取值，而不是 b 类曲线。

KWON 等[20]曾对名义屈服强度为 240MPa 的 3 个焊接 H 形和 3 个槽形截面焊接柱进行试验，以研究直接强度法对焊接截面柱的适用性。腹板的高厚比为 25.0～91.7，翼缘的宽厚比为 7.8～49.5，柱子的长细比为 22.89～63.49。使用直接强度法[即式(5-21a)和式(5-21b)]来预测试验柱的局部和整体相关屈曲承载力。结果表明，当 λ_l 较小时，直接强度法能合理地预测柱子的极限承载力，但当 $\lambda_l >1.5$ 时，式(5-21b)计算结果过高估计槽形截面焊接柱的相关屈曲承载力。另外，申红侠[10,11,12,14]对焊接方管柱的局部和整体相关屈曲承载力进行了一系列数值模拟。钢材的屈服强度为 235～460MPa。Q235 钢，板件宽厚比为 40～100；Q345、Q390、Q420 和 SM58 钢，板件宽厚比为 35～70；Q235 钢，柱子长细比为 40～200。Q345、Q390、Q420 和 SM58 钢，柱子长细比为 20～80。数值模拟结果与直接强度法计算结果对比表明，直接强度法能在较大板件宽厚比范围内、较大构件长细比范围内及较大钢材等级范围内预测薄壁焊接方管轴压构件的承载力，但对 SM58 钢(名义屈服强度为 460MPa)，直接强度法过高地估计了板件宽厚比为 35 和 40 的轴压柱的承载力。为了验证这一结论，用 USAMI 和 FUKUMOTO[6,7]的 15 个试验结果来校核直接强度法[11]。除了试件 S-10-58 外，其他试件的板件宽厚比为 22～44，都不是太大。试验采用的钢材为 HT80 钢(名义屈服强度为 690MPa)和 SM58 钢。结果表明，大部分情况下，直接强度法的计算结果高于试验结果。因此，有限元结果和试验结果均表明，直接强度法对 HT80 钢和 SM58 钢小板件宽厚比轴压构件不安全，需进一步修正。

2. 新的计算方法

目前，对焊接薄壁轴压构件的局部-整体相关屈曲已进行了一些试验和数值模拟研究[5-7,9-14,20,21]。这些研究发展了有效宽度法和直接强度法，产生了三种新的计算方法：修正的有效宽度法、修正的直接强度法和有效屈服强度法[22]。这三种方法适用于焊接箱形、H 形和槽形截面轴压构件，下面分别介绍。

1) 修正的有效宽度法

由于不能很好地预测高强钢焊接薄壁箱形轴压构件的局部-整体相关屈曲承载力，DEGÉE 等[9]对基于欧洲规范的有效宽度法进行了修正。

除了将欧洲规范 EN 1993-1-1 和 EN 1993-1-5 推荐的 b 类曲线修正为 a 类曲线外，对公式(5-19)中的系数 β 也进行了修正。修正后的系数 β 为

$$\beta = \frac{i}{i_e}\left[1 - 0.5\chi_a(1 - 0.6\sqrt{\rho_p})\right] \tag{5-26}$$

式中，$i_e = \sqrt{I_e / A_e}$，I_e 为根据规范 EN 1993-1-5 算出的有效惯性矩；χ_a 为根据规范 EN 1993-1-1 中的 a 类曲线得到的整体稳定降低系数；ρ_p 为由 Winter 公式得到的局部屈曲降低系数。

公式(5-26)考虑了局部屈曲和整体屈曲的效应以及由于局部屈曲导致构件弯曲刚度的下降。

DEGÉE 等[9]分别将修正的有效宽度法与数值模拟结果、欧洲规范 EN 1993-1-1 和 EN 1993-1-5 的计算结果比较。对于方管柱，与数值模拟结果相比，修正的有效宽度法是安全的；由修正的有效宽度法得到的承载力总是高于现行的欧洲规范值，大约平均高 9.9%。对于矩形管柱，由修正的有效宽度法得到的计算结果在整个长细比范围内符合 a 类曲线，且除了两个点外均高于 a 类曲线。所有这些均表明，修正的有效宽度法对 S355、S460 和 S690 钢焊接薄壁箱形轴压构件的承载力是安全的、经济的。

2) 修正的直接强度法

直接强度法能合理地用于焊接截面和热轧截面，但考虑到焊接截面不同于冷弯薄壁截面，KWON 等[20]对式(5-21a)和式(5-21b)进行了修正。修正后的直接强度法计算公式为

当 $\lambda_l \leqslant 0.816$ 时：

$$P_l = P_m \tag{5-27a}$$

当 $\lambda_l > 0.816$ 时：

$$P_l = \left[1 - 0.15\left(\frac{P_{cr,l}}{P_m}\right)^{0.5}\right]\left(\frac{P_{cr,l}}{P_m}\right)^{0.5} P_m \tag{5-27b}$$

KWON 等提出的修正的直接强度法能准确地预测名义屈服强度为 240MPa 的焊接 H 形和槽形截面柱的局部–整体相关屈曲承载力[20]。与直接强度法相比，在较大钢材等级、较大长细比和较大板件宽厚比范围内，修正的直接强度法对焊接箱形截面柱相关屈曲承载力的预测精度略差[11]。具体的，对 Q235、Q345 和 Q390 钢，修正的直接强度法能较准确地预测焊接薄壁箱形轴压构件的最大承载力，但对 Q420 钢，修正的直接强度法低估了大板件宽厚比($b/t = 60, 70$)构件的极限承载力；对 SM58 钢，修正的直接强度法高估了小板件宽厚比($b/t = 35, 40$)构件的极限承载力，相反，却低估了大板件宽厚比($b/t = 60，70$)构件的承载力[10,11,14]。

为了使直接强度法能够较好地适用于名义屈曲强度 $f_y \geqslant 460$MPa 的高强钢和小宽厚比方管轴压构件，SHEN[11]对式(5-21a)和式(5-21b)进行了修正。基于试验和有限元结果，修正范围被限制在 $b/t < 45, \lambda < 80$，且 $f_y = 460$MPa 和 690MPa 的焊接方管轴压柱。修正后的公式为

当 $\lambda_1 \leqslant 0.658$ 时：

$$P_1 = P_m \tag{5-28a}$$

当 $\lambda_1 > 0.658$ 时：

$$P_1 = \left[1 - 0.22 \left(\frac{P_{cr,1}}{P_m} \right)^{0.6} \right] \left(\frac{P_{cr,1}}{P_m} \right)^{0.6} P_m \tag{5-28b}$$

与试验和有限元结果相比，式(5-28a)和式(5-28b)的误差分别为–9.74%～7.24%和–3.57%～8.99%，表明 SHEN 提出的修正的直接强度法与试验结果、有限元结果吻合很好。

事实上，SHEN 提出的修正的直接强度法与有效宽度法是一致的，特别是对于焊接方形管截面。为了与有效宽度法比较，式(5-28a)和式(5-28b)改写成下列形式。

当 $\lambda_1 \leqslant 0.658$ 时：

$$\frac{P_1}{A} = \varphi f_y \tag{5-29a}$$

当 $\lambda_1 > 0.658$ 时：

$$\frac{P_1}{A} = \frac{1}{\lambda_{pl}} \left(1 - \frac{0.22}{\lambda_{pl}} \right) \varphi f_y \tag{5-29b}$$

式中，$\lambda_{pl} = (\varphi f_y / \sigma_{cr,1})^{0.6}$，$\sigma_{cr,1}$ 为板的临界屈曲应力。

对焊接方形管截面，欧洲规范 EN 1993-1-5 中的有效宽度 b_e 为

当 $\overline{\lambda}_{p} \le 0.673$ 时：

$$b_{e} = b \tag{5-30a}$$

当 $\overline{\lambda}_{p} > 0.673$ 时：

$$b_{e} = \frac{1}{\overline{\lambda}_{p}}\left(1 - \frac{0.22}{\overline{\lambda}_{p}}\right)b \tag{5-30b}$$

式中，$\overline{\lambda}_{p} = (f_{y} / \sigma_{cr,l})^{0.5}$。

除指数 0.6 代替了 0.5 外，式(5-29a)和式(5-29b)在表达形式上与式(5-30a)和式(5-30b)相同。PIRCHER 等[13]在研究 $f_{y} = 282$ MPa 焊接方管截面轴压构件局部屈曲时提出了修正 Winter 公式。式(5-29b)中指数 0.6 与修正 Winter 公式的指数相同，但系数 0.22 不同于修正 Winter 公式中的系数 0.25。由于初始缺陷对焊接截面的影响比冷弯薄壁截面轻微，因此指数由 0.5 提高至 0.6 是合理的。

3) 有效屈服强度法

早在 1979 年，Little 就提出了有效屈服强度法。在随后的二十多年里，有效屈服强度法发展缓慢。直到 2009 年，陈绍蕃[21]进一步发展了有效屈服强度法。他指出：有效屈服强度法和有效宽度法具有一致性；由于有效屈服强度法比较简单，有取代有效宽度法的趋势。

有效屈服强度法的核心为有效屈服强度 f_{ye}，计算如下：

$$f_{ye} = \rho f_{y} \tag{5-31}$$

式中，ρ 为有效屈服强度系数，计算如下：

当 $\overline{\lambda}_{p} \le 0.746$ 时：

$$\rho = 1 \tag{5-32a}$$

当 $\overline{\lambda}_{p} > 0.746$ 时：

$$\rho = \frac{1}{\overline{\lambda}_{p}}\left(1 - \frac{0.19}{\overline{\lambda}_{p}}\right) \tag{5-32b}$$

式中，$\overline{\lambda}_{p}$ 为板的正则化宽厚比，其值为

$$\overline{\lambda}_{p} = \sqrt{f_{y} / \sigma_{cr,l}} \tag{5-33a}$$

或

$$\overline{\lambda}_{p} = \sqrt{\varphi f_{y} / \sigma_{cr,l}} \tag{5-33b}$$

薄壁轴压构件的承载力为

$$N = \varphi A f_{ye} \tag{5-34}$$

用式(5-33a)计算时，稳定系数 φ 根据 $\lambda\sqrt{f_{ye}/235}$ 值由我国标准 GB 50017—2017

查表得出。

USAMI 和 FUKUMOTO[6,7]的试验结果被用于验证有效屈服强度法[21]。对于 SM58 钢，φ 值由我国规范 GB 50017—2003 中的 b 类曲线得到。试验结果和有效屈服强度法计算结果的比值 φ_t / φ_c 在 0.85～1.11 变化。对于 HT80 钢，φ 值由 GB 50017—2003 中的 a 类曲线和 b 类曲线分别得到。对应的 φ_t / φ_c 值分别在 0.88～1.21 和 0.93～1.38 变化。a 类曲线的计算结果与试验吻合得较好，故推荐名义屈服强度为 690 MPa 的高强钢 HT80 采用 a 类曲线。

另外，Q345、Q390、Q420 和 SM58 钢焊接薄壁方管轴压柱的有限元分析结果也用于验证有效屈服强度法[11]。当用式(5-33a)计算时，φ 值根据 $\lambda\sqrt{f_{ye}/235}$ 由规范 GB 50017—2003 中 a 类曲线查表得到。为了简化计算，当用式(5-33b) 计算时，φ 值由 $\lambda\sqrt{f_y/235}$ 代替 $\lambda\sqrt{f_{ye}/235}$ 由 a 类曲线查得。比较表明，有限元结果和有效屈服强度法计算结果之间存在较大误差；有效屈服强度法在较大板件宽厚比、较大钢材等级范围内低估了焊接薄壁箱形柱的极限承载力；有效屈服强度法是保守的，特别是用公式(5-33a)计算时，故建议用式(5-33b)计算。

5.3　高强钢压弯构件局部-整体相关屈曲

5.3.1　高强钢单向压弯构件局部-整体弯曲相关屈曲的性能

高强钢单向压弯构件局部-整体弯曲相关屈曲即局部和平面内整体弯曲相关屈曲。申红侠等[23-26]对高强钢单向压弯构件局部和平面内整体相关屈曲的性能和极限承载力进行了一些数值模拟，包括：薄腹箱形截面、薄壁翼缘薄腹箱形截面和薄腹工字形截面；SM58、Q460 和 Q690 钢。对焊接工字形截面，翼缘宽厚比 $b/t = 4.82～8.75$，腹板高厚比 $h_w/t_w = 50～120$，构件长细比 $\lambda = \lambda_x = 40～100$，荷载偏心率 $\varepsilon = e/(W/A) = 0.2～5$($e$ 为荷载偏心距；W 为毛截面模量；A 为毛截面面积)。对焊接箱形截面，宽厚比 $b/t = 20～80$，高厚比 $h/t = 29～80$，构件长细比 $\lambda = \lambda_x = 20～120$，荷载偏心率 $\varepsilon = 0.2～4.0$。下面以 SM58 钢薄腹箱形截面单向压弯构件为例说明局部-整体弯曲相关屈曲性能。

1. 荷载-变形曲线

图 5-9 给出 $b/t = 24$、$h/t = 50$，$\varepsilon = 0.4$、0.8、1.0、2.0、3.0 和 4.0 时，不同长细比下 SM58 钢薄腹箱形截面单向压弯构件发生局部和整体弯曲相关屈曲的轴向压力 P 和轴向压缩变形 U_z 曲线。试验中试件往往先发生局部屈曲，随后发生整体屈曲。与试验现象不同，由于有限元分析中存在初始几何缺陷，因此

从加载开始整体弯曲变形和局部弯曲变形就同时发生。随着轴向压力的增加，两种弯曲变形不断增加，彼此互相影响。由图 5-9 可知，轴向压力和轴向压缩变形曲线由两部分组成：上升段和下降段(有些曲线由于人为终止计算或发生刚体位移而破坏，下降段不明显)。极值点之后有时会出现下降段向原点方向"漂移"的现象，如图 5-9(b)中 $\lambda = 60$ 和 80、图 5-9(c)中 $\lambda = 60$ 和图 5-9(e)中 $\lambda =$

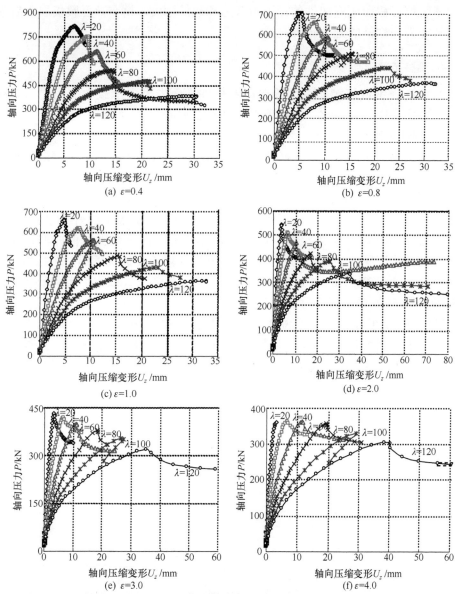

图 5-9　不同长细比下 SM58 钢薄腹箱形截面单向压弯构件发生局部和整体弯曲
相关屈曲的轴向压力和轴向压缩变形曲线($b/t=24,h/t=50$)

100 的曲线等。这可能是不适当的弧长半径引起的，但它不会影响构件的极限承载力。与高强钢箱形截面轴心受压构件局部和整体相关屈曲的轴向压力和轴向压缩变形曲线(图 5-3)不同，高强钢薄腹箱形截面压弯构件的轴向压力和轴向压缩变形曲线往往有相对较陡的下降段，在有限元模拟中有时甚至由于发生屈曲导致较大位移而使构件破坏。由图 5-9 还可以发现，随着长细比的增大，高强钢薄腹箱形截面压弯构件的极限承载力和起始刚度均降低，但腹板屈曲后强度保持能力和构件的延性却提高了。

2. 极限承载力的影响因素

影响高强钢薄腹箱形截面单向压弯构件平面内极限承载力的主要因素有构件长细比、腹板高厚比、翼缘宽厚比和荷载偏心率。

1) 构件长细比

图 5-10 是 $b/t = 28$，$h/t = 40$ 和 70 时,不同荷载偏心率下 SM58 钢薄腹箱形截面单向压弯构件无量纲极限承载力 $P_u/(Af_y)$ 随长细比 λ 的变化曲线。其中，P_u 为极限承载力，A 为毛截面面积，f_y 为钢材屈服强度。f_y 取实测屈服强度 568MPa，图 5-11～图 5-13 与此相同。需要说明的是由于腹板初始几何缺陷沿构件长度方向屈曲的半波数必须为整数，因此有限元分析中构件长度取值并非计算长度，而是在保证屈曲半波数为整数的条件下与计算长度最接近的一个数值，故书中长细比 $\lambda = 20$、40、60、80、100 和 120 只是名义长细比，实际长细比并非整数。图 5-10 中采用实际长细比。

由图 5-10 可知，与腹板高厚比未超限构件不同，$P_u/(Af_y)$ 与 λ 近似为直线关系；随着 λ 增大，$P_u/(Af_y)$ 不断减小，并且随着荷载偏心率 ε 增大，这种变化趋势逐渐变缓，$\varepsilon = 4.0$ 时甚至接近水平线。这些均与顾强和陈绍蕃[27]研究 Q235

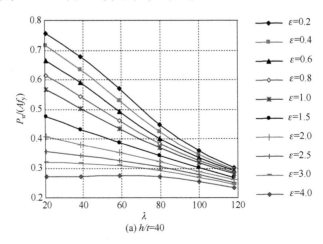

(a) $h/t=40$

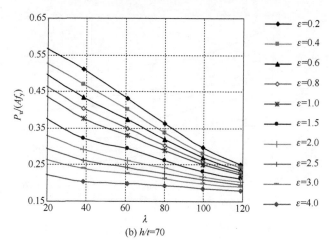

(b) h/t=70

图 5-10　不同荷载偏心率下 SM58 钢薄腹箱形截面单向压弯构件的 $P_u/(Af_y)$
随 λ 的变化曲线(b/t=28)

钢宽腹板工字形截面单向偏压构件平面内极限承载力时观察到的极限承载力和长细比曲线变化趋势相同。

2) 腹板高厚比

图 5-11 为 $\lambda = 60$，b/t=20 和 28 时，不同荷载偏心率下 SM58 钢薄腹箱形截面单向压弯构件无量纲极限承载力 $P_u/(Af_y)$ 随腹板高厚比 h/t 的变化曲线。由图 5-11 可知，h/t 和 $P_u/(Af_y)$ 之间为曲线关系，但非线性不明显，简单起见，可近似为线性关系；随着 h/t 增大，$P_u/(Af_y)$ 逐渐降低。原因是随着高厚比增大，即截面高度增大，局部初始几何缺陷增大；另一方面，截面高度增大使得回转半径增大，而长细比不变，构件长度会增大，导致整体初始几何缺陷增大。初始几何缺陷和构件长度的增大使得构件无量纲极限承载力 $P_u/(Af_y)$ 下降。

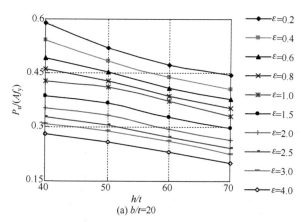

(a) b/t=20

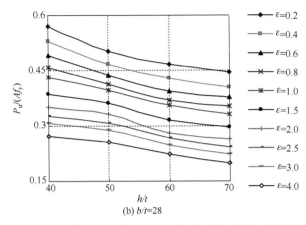

(b) b/t=28

图 5-11 不同荷载偏心率下 SM58 钢薄腹箱形截面单向压弯
构件的 $P_u/(Af_y)$ 随 h/t 的变化曲线($\lambda = 60$)

3) 翼缘宽厚比

图 5-12 为 $\lambda = 60$，h/t=50 和 60 时，不同荷载偏心率下 SM58 钢薄腹箱形截面单向压弯构件无量纲极限承载力 $P_u/(Af_y)$ 随翼缘宽厚比 b/t 的变化曲线。图 5-12(a)中，b/t=24 构件的计算长度应大于 b/t=20 的构件，但为使腹板屈曲半波数为整数，在计算中取相同长度，故 b/t=24 构件的无量纲极限承载力略大于 b/t=20 构件的无量纲极限承载力。略去这些，总体变化趋势是随着 b/t 增大，$P_u/(Af_y)$ 缓慢降低；b/t 与 $P_u/(Af_y)$ 之间也近似为线性关系。可能的原因是随着 b/t 增大，即截面宽度增大，翼缘对腹板的约束作用减弱，进而导致无量纲极限承载力 $P_u/(Af_y)$ 下降。对比图 5-11 和图 5-12 还可看出，翼缘宽厚比变化对高厚比超限的高强钢压弯构件无量纲极限承载力 $P_u/(Af_y)$ 的影响远不如腹板高厚比变化的影响大。

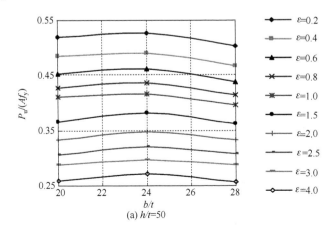

(a) h/t=50

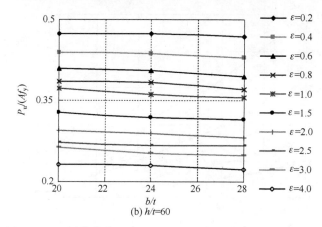

图 5-12　不同荷载偏心率下 SM58 钢薄腹箱形截面单向压弯
构件 $P_u/(Af_y)$ 随 b/t 的变化曲线($\lambda = 60$)

4) 荷载偏心率

荷载偏心率 ε 反映弯矩和轴向压力之间的比例关系，荷载偏心率小意味着弯矩较小，轴向压力起主导作用；相反，荷载偏心率大则弯矩起主导作用。由图 5-10 可知，长细比 λ 对轴向压力起控制作用的压弯构件影响较大，而对弯矩起控制作用的构件则影响不大。图 5-11 和图 5-12 中荷载偏心率对曲线的变化趋势几乎无影响，说明腹板和翼缘对构件承载力的轴向压力项和弯矩项均有贡献。

3. 轴向压力和弯矩的相关曲线

弯矩与轴向压力的相关关系式是反映压弯构件在弯矩与轴向压力共同作用下受力性能的重要表达式。不同宽厚比薄腹箱形截面压弯构件的无量纲轴向压力 P_u/P_y 和无量纲弯矩 M_u/M_y 相关曲线的变化趋势基本相同。图 5-13 为 b/t=28，h/t=50、60 和 70 时，不同长细比下 SM58 钢薄腹箱形截面单向压弯构件 P_u/P_y 和 M_u/M_y 的关系曲线。其中，$M_u=P_ue$，$P_y=Af_y$，$M_y=Wf_y$。

由图 5-13 可知，高强钢薄腹箱形截面单向压弯构件的 P_u/P_y 和 M_u/M_y 的相关曲线总体变化趋势为直线关系。当 $\lambda = 20$ 时，P_u/P_y 和 M_u/M_y 的关系曲线略为向上凸(h/t=50)或近似为直线(h/t=60，70)；其余相关曲线($\lambda = 40，60，80，100，120$)则略微向下凹。但这种变化趋势远小于腹板高厚比未超限的普通钢压弯构件。

同样，文献[25]的研究结果也表明，Q460 钢焊接薄壁方形管截面单向压弯构件的弯矩 M_u/M_p(M_p 为塑性铰弯矩)与轴向压力 P_u/P_y 的相关曲线基本为直线。

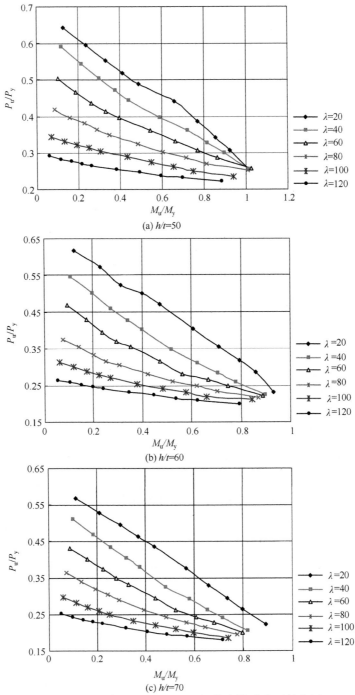

图 5-13　不同长细比下 SM58 钢薄腹箱形截面单向压
弯构件 P_u/P_y 和 M_u/M_y 的相关曲线($b/t=28$)

除此之外，文献[26]有限元计算结果表明，Q460 钢焊接薄腹工字形截面单向偏压构件的 P_u/P_y 和 M_u/M_y 之间的相关曲线也近似为线性，但略微向下凹。

5.3.2　高强钢单向压弯构件局部-整体弯扭相关屈曲的性能

高强钢单向压弯构件局部-整体弯扭相关屈曲即局部和平面外整体弯扭相关屈曲。腹板高厚比超限的高强钢焊接工字形截面单向压弯构件弯矩作用平面外抗弯刚度通常较面内抗弯刚度小，当侧向没有足够的支撑时，有可能发生局部和平面外整体弯扭相关屈曲。申红侠和赵克祥[28]采用 ANSYS 有限元软件，对 Q460 钢焊接工字形截面压弯构件局部-整体弯扭相关屈曲极限承载力进行了研究。文献[28]中，腹板高厚比 h_w/t_w 分别取 60、70、80、90、100 和 120；翼缘宽厚比 b_f/t_f 分别取 6.25、6.75、7.29、7.95、8.75；绕弱轴弯曲的长细比 λ_y 分别取 50、60、70、80、90、100；荷载偏心率 $\varepsilon = eA/W$(A 为毛截面面积，W 为毛截面模量)分别取 0.2、0.3、0.5、0.8、1、2。

1. 荷载-变形曲线

与局部-整体弯曲相关屈曲相比，高强钢单向压弯构件局部-整体弯扭相关屈曲的变形要复杂得多，是板件局部屈曲叠加构件空间弯扭屈曲变形。图 5-14 是荷载偏心率 $\varepsilon=0.2$ 时，不同高厚比下 Q460 钢焊接薄腹工字形截面单向压弯构件发生局部和整体弯扭相关屈曲的荷载-变形曲线。其中，图 5-14(a)为轴向压力与跨中面外挠度(P-U_x)关系曲线，图 5-14(b)为轴向压力与跨中面内挠度(P-U_y)关系曲线，图 5-14(c)为轴向压力与跨中绕纵轴转角(P-Rot_z)关系曲线。

由图 5-14 可以看出，P-U_x 关系、P-U_y 关系和 P-Rot_z 关系三条曲线变化趋势基本相同；Q460 高强钢压弯构件局部-整体弯扭相关失稳属于极值点失稳。

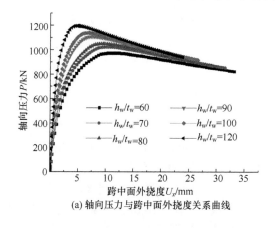

(a)轴向压力与跨中面外挠度关系曲线

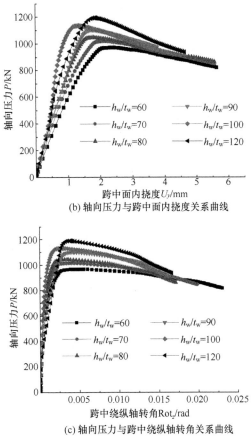

(b) 轴向压力与跨中面内挠度关系曲线

(c) 轴向压力与跨中绕纵轴转角关系曲线

图 5-14　不同高厚比下 Q460 钢焊接薄腹工字形截面单向压弯构件发生局部和
整体弯扭相关屈曲的荷载-变形曲线($\varepsilon=0.2$)

以图 5-14(a)为例说明荷载-变形曲线的变化情况。轴向压力与跨中面外挠度(P-U_x)关系曲线分三个阶段：弹性加载阶段、弹塑性加载阶段和卸载阶段。轴向压力较小时，P-U_x 关系曲线是线性的，构件处于弹性加载阶段；轴向压力逐渐增大，构件跨中面外挠度增加速度加快，曲线呈现非线性，此时构件进入弹塑性加载阶段；轴向压力达到最大值后，构件跨中面外挠度不断增大，而轴向压力下降，此时构件进入卸载阶段。

对比图 5-14(a)和图 5-14(b)可以看出，构件在弯矩作用平面内刚度很大，在接近极限承载力时才进入弹塑性加载阶段，而面外刚度较小，在轴向压力较小时构件已经进入弹塑性加载阶段；当构件达到极限承载力时，跨中面内挠度在 1.2~2.5mm，跨中面外挠度在 5.1~10.0mm，跨中面外挠度远大于面内挠度，说明构件发生面外失稳破坏。从图 5-14(c)可以看出，构件达到极限承载力时产生了绕纵轴的扭转，但扭转角比较小。

2. 极限承载力的影响因素

影响 Q460 钢焊接薄腹工字形截面单向压弯构件局部-整体弯扭相关屈曲极限承载力的主要因素有腹板高厚比、翼缘宽厚比和构件长细比。

1) 腹板高厚比

图 5-15 为翼缘宽厚比 b_f/t_f=6.75，绕弱轴长细比 λ_y=60 和 80，不同荷载偏心率下 Q460 钢焊接薄腹工字形截面单向压弯构件的无量纲极限承载力 $P_u/(Af_y)$ 与腹板高厚比的关系曲线。由图 5-15 可以看出，随着腹板高厚比的增大，无量纲极限承载力下降。这是因为随着腹板高厚比的增大，腹板更容易发生局部屈曲，带动翼缘屈曲，从而加速构件弯扭屈曲导致无量纲承载力降低。从图 5-15

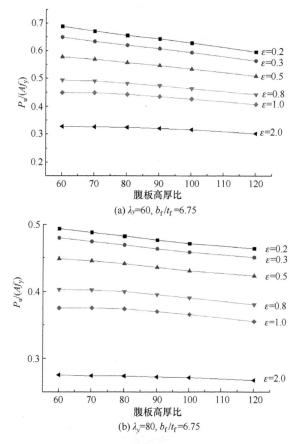

(a) λ_y=60, b_f/t_f=6.75

(b) λ_y=80, b_f/t_f=6.75

图 5-15　不同荷载偏心率下 Q460 钢焊接薄腹工字形截面单向压弯构件无量纲极限承载力与腹板高厚比关系曲线

中还可看出，随着荷载偏心率的增大，构件的无量纲极限承载力下降，且下降趋势逐渐变缓。这是因为荷载偏心率较大的构件承担较大弯矩，轴向压力相对较小，破坏时趋向于整体弯扭失稳破坏，腹板局部屈曲相对较小，因此对无量纲极限承载力的影响减小。

2) 翼缘宽厚比

图 5-16 为腹板高厚比 h_w/t_w=80，绕弱轴长细比 λ_y=60 和 80，不同荷载偏心率下 Q460 钢焊接薄腹工字形截面单向压弯构件的无量纲极限承载力 $P_u/(Af_y)$ 与翼缘宽厚比的关系曲线。从图 5-16 可以看出，随着翼缘宽厚比的增大，无量纲极限承载力降低。另外，随着荷载偏心率的增大，无量纲极限承载力明显降低，且曲线下降趋势逐渐变缓。

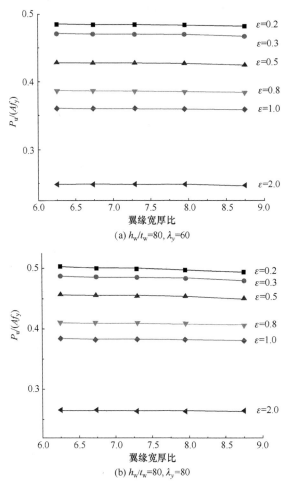

(a) h_w/t_w=80, λ_y=60

(b) h_w/t_w=80, λ_y=80

图 5-16　不同荷载偏心率下 Q460 钢焊接薄腹工字形截面单向压弯构件
无量纲极限承载力与翼缘宽厚比关系曲线

3) 构件长细比

图 5-17 为不同荷载偏心率下 Q460 钢焊接薄腹工字形截面单向压弯构件无量纲极限承载力与构件长细比的关系曲线。从图 5-17 中可以看出，随着构件长细比的增大，无量纲极限承载力下降较快，且在 λ_y=60～100 下降更为明显，在 λ_y=100～120 下降趋向于缓和；随着荷载偏心率的增大，无量纲极限承载力明显降低，且随构件长细比的增大，曲线下降趋势逐渐变缓。

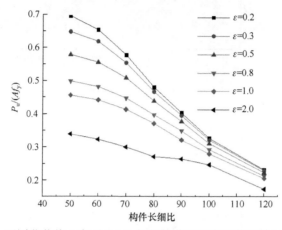

图 5-17　不同荷载偏心率下 Q460 钢焊接薄腹工字形截面单向压弯构件
无量纲极限承载力与构件长细比关系曲线

3. 轴向压力和弯矩的相关曲线

图 5-18 为不同腹板高厚比、翼缘宽厚比和构件长细比时，Q460 钢焊接薄腹工字形截面单向压弯构件的无量纲轴向压力 P_u/P_y 和无量纲弯矩 M_u/M_p 关系曲线。其中，M_u=$P_u e$，P_y=Af_y，M_p=$W_p f_y$(W_p 为塑性截面模量)。由图 5-18 可知，

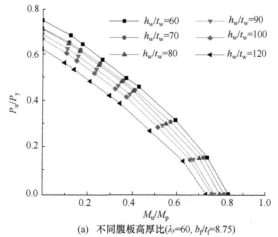

(a) 不同腹板高厚比(λ_y=60, b_f/t_f=8.75)

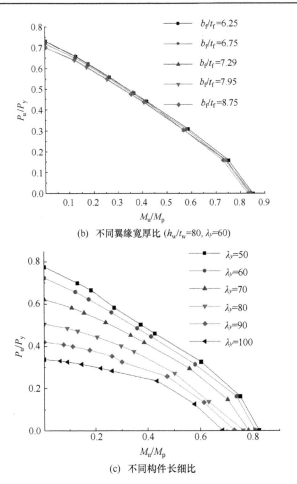

(b) 不同翼缘宽厚比 $(h_w/t_w=80, \lambda_y=60)$

(c) 不同构件长细比

图 5-18 Q460 钢焊接薄腹工字形截面单向压弯构件的 P_u/P_y 和 M_u/M_p 关系曲线

Q460 钢焊接薄腹工字形截面单向压弯构件的 P_u/P_y 和 M_u/M_p 关系曲线略微向上凸起；腹板高厚比和构件长细比变化对 P_u/P_y 和 M_u/M_p 关系曲线影响较大，而翼缘宽厚比变化则对 P_u/P_y 和 M_u/M_p 关系曲线影响较小。

5.3.3 高强钢双向压弯构件局部-整体弯曲相关屈曲的性能

申红侠等[29,30]研究了 Q460 钢焊接薄壁箱形截面双向压弯构件的局部-整体空间弯曲相关屈曲，分析了构件长细比和板件宽厚比对其极限承载力的影响，探明了构件达到极限承载力时真实的应力分布状态，提出了简单易用的承载力计算公式。文献[30]中，截面有方形管和矩形管；宽厚比 b/t 分别取 40、50、60、70 和 80，对矩形管，相应的高厚比 h/t 分别取 50、62.5、75、87.5 和 100；无论方形管还是矩形管，截面水平轴的长细比 λ_x 均分别取 40、60、80 和 100；荷

载偏心距 e_x 和 e_y 在 10mm、15mm、20mm、25mm、30mm、35mm、40mm 和 50mm 中取不同组合 8 种。

SHEN[31]进一步将提出的 Q460 钢焊接薄壁箱形截面双向压弯构件的局部-整体弯曲相关屈曲承载力计算公式与美国规范 ANSI/AISC 360-10、获得的试验结果进行比较，以验证公式的精度。

1. 荷载-变形曲线

由于长构件的变形比短构件大很多，因此荷载-变形曲线需做区分。图 5-19 和图 5-20 分别为 Q460 钢焊接薄壁箱形截面双向压弯短构件和长构件的荷载-变形曲线。其中，P 为轴向压力，Δ 为轴向压缩变形，μ_{max} 和 v_{max} 分别为跨中

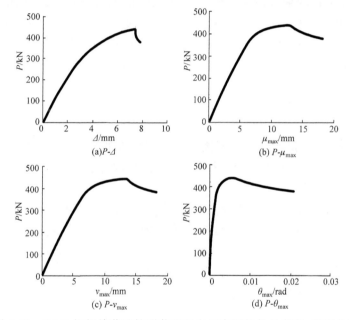

图 5-19　Q460 钢焊接薄壁箱形截面双向压弯短构件的荷载-变形曲线

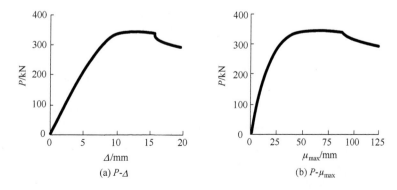

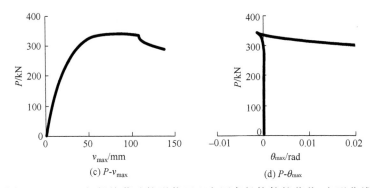

(c) P-v_{max} (d) P-θ_{max}

图 5-20   Q460 钢焊接薄壁箱形截面双向压弯长构件的荷载-变形曲线

截面沿 x 轴、y 轴的最大挠度，θ_{max} 为跨中截面绕 z 轴的最大扭转角。

由图 5-19 和图 5-20 可知，对 Q460 钢焊接薄壁箱形双向压弯构件，其变形主要是轴向压缩变形和双向弯曲变形，而扭转变形很小。这主要是因为箱形截面的扭转刚度很大。另外，由于 x 轴和 y 轴的荷载偏心距相同，因此绕 x 轴和 y 轴的弯曲变形基本相同。

2. 极限承载力的影响因素

影响 Q460 钢焊接薄壁箱形截面双向压弯构件的局部-整体空间弯曲相关屈曲极限承载力的主要因素有构件长细比和板件宽厚比。

1) 构件长细比

各构件无量纲极限承载力 $P_u/(Af_y)$ 随构件长细比 λ_x 的变化趋势基本相同。图 5-21 给出了不同荷载偏心距下 Q460 钢焊接薄壁箱形截面双向压弯构件的 $P_u/(Af_y)$-λ_x 曲线。图 5-21(a)为 b/t=60 的方形管；图 5-21(b)为 b/t=60, h/t=75 的矩形管。荷载偏心距 e_x 和 e_y 的单位均为 mm。由图 5-21 可知，当板件的宽厚比、高厚比和荷载偏心距为定值时，$P_u/(Af_y)$ 和 λ_x 之间近似为线性关系，且随

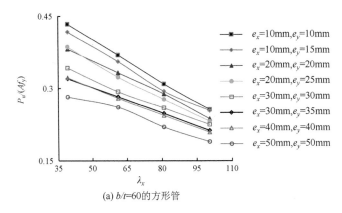

(a) b/t=60的方形管

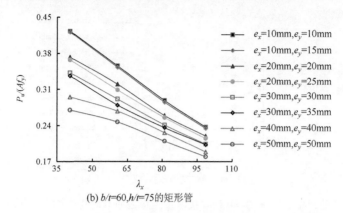

(b) b/t=60,h/t=75的矩形管

图 5-21　不同荷载偏心距下 Q460 钢焊接薄壁箱形截面双向压弯构件的 $P_u/(Af_y)$-λ_x 曲线

着 λ_x 的增大，$P_u/(Af_y)$ 不断减小；随着荷载偏心距增大，曲线的斜率减小，即无量纲极限承载力下降趋势变缓。

2) 板件宽厚比

同样，各构件无量纲极限承载力 $P_u/(Af_y)$ 随板件宽厚比 b/t 的变化趋势基本相同。图 5-22 给出了不同荷载偏心距下 Q460 钢焊接薄壁箱形截面双向压弯构件的 $P_u/(Af_y)$-b/t 曲线。图 5-22(a)为 λ_x=60 的方形管；图 5-22(b)为 λ_x=80、λ_y=95 的矩形管。由图 5-22 可看出，随着 b/t 增大，$P_u/(Af_y)$ 下降；在较小范围内，$P_u/(Af_y)$ 和 b/t 之间为曲线关系；大部分情况下，$P_u/(Af_y)$ 和 b/t 之间为近似线性关系或线性关系。对 λ_x=60 的方形管，当 b/t 在 40~50 时，$P_u/(Af_y)$ 和 b/t 之间为曲线关系；当 b/t 在 50~80 时，$P_u/(Af_y)$ 和 b/t 之间近似为线性关系。对 λ_x=80、λ_y=95 的矩形管，当荷载偏心距 e_x<20mm、e_y<25mm 时，$P_u/(Af_y)$ 和 b/t 之间为曲线关系；当荷载偏心距 e_x≥30mm、e_y≥30mm 时，$P_u/(Af_y)$ 和 b/t 之间则为近似线性关系或线性关系。

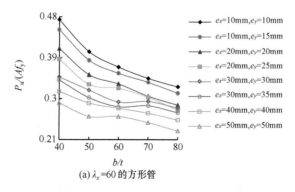

(a) λ_x=60 的方形管

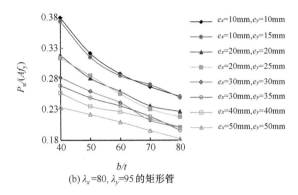

(b) $\lambda_x=80$, $\lambda_y=95$ 的矩形管

图 5-22　不同荷载偏心距下 Q460 钢焊接薄壁箱形截面双向压弯构件的 $P_u/(Af_y)$-b/t 曲线

3. 轴向压力和弯矩的相关曲线

不同宽厚比 Q460 钢焊接薄壁箱形截面双向压弯构件的无量纲轴向压力 P_u/P_y 和无量纲弯矩 M_{ux}/M_{xy}(或 M_{uy}/M_{yy})关系曲线的变化趋势基本相同。图 5-23 给出了 $b/t=40$ 和 60 时方形管截面及 $b/t=60$ 和 80 时矩形管截面双向压弯构件的 P_u/P_y 和 M_{ux}/M_{xy}(或 M_{uy}/M_{yy})关系曲线。图 5-23 中，$M_{ux}=P_ue_y$，$M_{uy}=P_ue_x$，$P_y=Af_y$，$M_{xy}=W_xf_y$，$M_{yy}=W_yf_y$，W_x 和 W_y 分别是绕 x 轴、y 轴的毛截面模量。图 5-23 中有标记的曲线为有限元计算结果，无标记的直线为有限元结果的趋势变化线。由图 5-23 可知，直线能够较好地预测 Q460 钢薄壁箱形截面双向压弯构件的 P_u/P_y 和 M_{ux}/M_{xy}(或 M_{uy}/M_{yy})关系曲线的总体变化趋势。对 $\lambda_x=80$ 和 100 的构件，P_u/P_y 和 M_{ux}/M_{xy}(或 M_{uy}/M_{yy})关系曲线非常接近直线；对 $\lambda_x=40$ 和 60 的构件，有限元计算结果略微远离直线。

此外，SALEM 等[32]研究了低碳钢薄柔板件焊接工字形截面双向压弯构件的极限承载力，得到了轴向压力和弯矩的相关曲线。结果表明，线性的相关曲线能较好地预测薄柔焊接工字形截面中等长细比杆件的极限承载力。

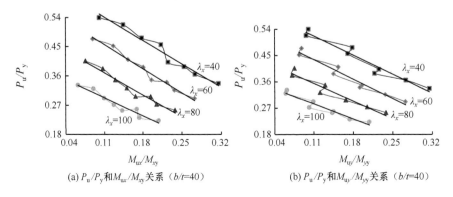

(a) P_u/P_y 和 M_{ux}/M_{xy} 关系（$b/t=40$）　　　(b) P_u/P_y 和 M_{uy}/M_{yy} 关系（$b/t=40$）

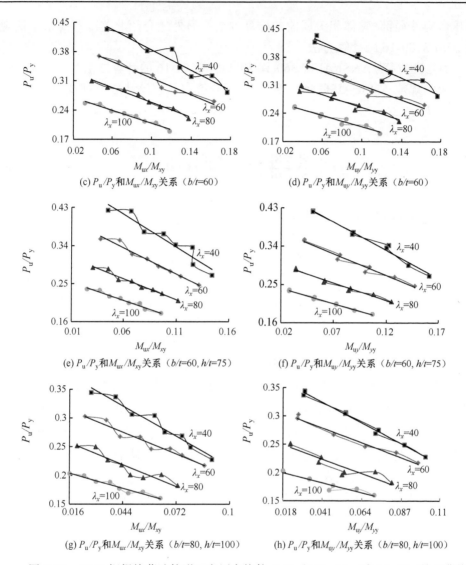

(c) P_u/P_y和M_{ux}/M_{xy}关系（b/t=60）

(d) P_u/P_y和M_{uy}/M_{yy}关系（b/t=60）

(e) P_u/P_y和M_{ux}/M_{xy}关系（b/t=60, h/t=75）

(f) P_u/P_y和M_{uy}/M_{yy}关系（b/t=60, h/t=75）

(g) P_u/P_y和M_{ux}/M_{xy}关系（b/t=80, h/t=100）

(h) P_u/P_y和M_{uy}/M_{yy}关系（b/t=80, h/t=100）

图 5-23 Q460 钢焊接薄壁箱形双向压弯构件 P_u/P_y 和 M_{ux}/M_{xy} (或 M_{uy}/M_{yy})关系曲线

5.3.4 高强钢压弯构件局部-整体相关屈曲的计算方法

1. 已有的规范计算方法

美国规范 ANSI/AISC 360-16 规定的钢材最高强度为 690MPa；欧洲规范 EN 1993-1-1 和我国标准 GB 50017—2017 给出的钢材最高强度均为 460MPa，但 EN 1993-1-1 在补充条款 EN 1993-1-12 中将钢材等级范围扩充到 S700(名义屈服强度为 700MPa)。由于上述规范都涉及高强钢，因此介绍这些规范中高强钢压弯构件局部-整体相关屈曲的计算方法。另外还介绍北美冷弯薄壁型钢规范 AISI S100-16 的计算方法。

1) 美国规范 ANSI/AISC 360-16 和 AISI S100-16 的计算方法

美国规范 ANSI/AISC 360-16[1]中，荷载抗力系数设计法(LRFD)需满足：

当 $\dfrac{P_\mathrm{r}}{P_\mathrm{n}} \geqslant 0.2$ 时：

$$\frac{P_\mathrm{r}}{P_\mathrm{n}} + \frac{8}{9}\left(\frac{M_\mathrm{rx}}{M_\mathrm{nx}} + \frac{M_\mathrm{ry}}{M_\mathrm{ny}}\right) \leqslant 1.0 \tag{5-35a}$$

当 $\dfrac{P_\mathrm{r}}{P_\mathrm{n}} < 0.2$ 时：

$$\frac{P_\mathrm{r}}{2P_\mathrm{n}} + \left(\frac{M_\mathrm{rx}}{M_\mathrm{nx}} + \frac{M_\mathrm{ry}}{M_\mathrm{ny}}\right) \leqslant 1.0 \tag{5-35b}$$

式中，P_r 为轴心压力；P_n 为轴心受压构件的名义强度；M_rx 和 M_ry 分别为绕 x 轴和 y 轴的二阶弯矩；M_nx 和 M_ny 分别为绕 x 轴和 y 轴的名义弯矩。

对薄柔截面，P_n 按式(5-14)计算。

M_nx 和 M_ny 与受弯构件的截面类型有关。根据板件宽厚比的不同，美国规范 ANSI/AISC 360-16[1]将受弯构件的截面划分为三种：厚实截面、非厚实截面和薄柔截面。截面的受压板件宽厚比小于限值 λ_p 时为厚实截面。截面中一个或多个受压板件的宽厚比大于限值 λ_p 而小于限值 λ_r 时为非厚实截面。截面任意一个受压板件的宽厚比大于限值 λ_r 时为薄柔截面。薄柔截面可能翼缘为薄柔板件，也可能腹板为薄柔板件。

对双轴对称工字形薄柔截面，M_nx 和 M_ny 按下列情况对应公式计算。

(1) 翼缘为薄柔板件，腹板为厚实或非厚实板件，绕强轴(x 轴)弯曲：受压翼缘发生弹性屈曲。

$$M_{\mathrm{n}x} = \frac{0.9Ek_\mathrm{c}S_{x\mathrm{c}}}{\left(\dfrac{b_\mathrm{fc}}{2t_\mathrm{fc}}\right)^2} \tag{5-36}$$

式中，E 为弹性模量；$k_\mathrm{c} = \dfrac{4}{\sqrt{h_\mathrm{w}/t_\mathrm{w}}}$ 且 $0.35 \leqslant k_\mathrm{c} \leqslant 0.76$；$S_{x\mathrm{c}}$ 为受压翼缘绕 x 轴的弹性截面模量；b_fc 和 t_fc 分别为受压翼缘的宽度和厚度。

(2) 腹板为薄柔板件，翼缘为厚实、非厚实或薄柔板件，绕强轴(x 轴)弯曲：

$$M_{\mathrm{n}x} = R_\mathrm{pg}F_\mathrm{cr}S_{x\mathrm{c}} \tag{5-37}$$

式中，R_{pg} 为弯曲强度降低系数；F_{cr} 为临界应力；S_{xc} 为受压翼缘绕 x 轴的弹性截面模量。其中，

$$R_{pg} = 1 - \frac{a_w}{1200 + 300a_w}\left(\frac{h_w}{t_w} - 5.7\sqrt{\frac{E}{f_y}}\right) \leqslant 1.0 \qquad (5\text{-}38)$$

$$a_w = \frac{2h_w t_w}{b_{fc} t_{fc}} \qquad (5\text{-}39)$$

F_{cr} 与翼缘的板件类别有关，按下列公式计算。

当翼缘为厚实板件时，受压翼缘屈服：

$$F_{cr} = f_y \qquad (5\text{-}40a)$$

当翼缘为非厚实板件时，受压翼缘发生弹塑性屈曲：

$$F_{cr} = \left[f_y - \left(0.3f_y\right)\left(\frac{\lambda - \lambda_{pf}}{\lambda_{rf} - \lambda_{pf}}\right)\right] \qquad (5\text{-}40b)$$

当翼缘为薄柔板件时，受压翼缘发生弹性屈曲：

$$F_{cr} = \frac{0.9Ek_c}{\left(\dfrac{b_{fc}}{2t_{fc}}\right)^2} \qquad (5\text{-}40c)$$

式中，h_w 和 t_w 分别为腹板的高度和厚度；E 为弹性模量；f_y 为钢材的名义屈服强度；$\lambda = \dfrac{b_{fc}}{2t_{fc}}$；$\lambda_{pf} = \lambda_p$，为厚实翼缘的宽厚比限值；$\lambda_{rf} = \lambda_r$，为非厚实翼缘的宽厚比限值。

(3) 翼缘为薄柔板件，绕弱轴(y 轴)弯曲：受压翼缘发生弹性屈曲。

$$M_{ny} = \frac{0.69ES_y}{\left(\dfrac{b_f}{2t_f}\right)^2} \qquad (5\text{-}41)$$

式中，S_y 为绕 y 轴的弹性截面模量；b_f 和 t_f 分别为翼缘的宽度和厚度。

对焊接薄柔箱形截面，M_{nx} 和 M_{ny} 按下列情况对应公式计算。

(1) 翼缘为薄柔板件，腹板为厚实或非厚实板件：受压翼缘发生弹性屈曲。

$$M_n = f_y S_e \qquad (5\text{-}42)$$

式中，S_e 为基于有效宽度的有效截面模量。有效宽度按公式(3-18)计算。

(2) 腹板为薄柔板件，翼缘为厚实、非厚实或薄柔板件：受压翼缘屈服或发生弹性屈曲，按公式(5-37)计算。F_{cr} 分别根据式(5-40a)和式(5-40c)计算。此

时，式(5-40c)中分母去掉 2，且 $k_c = 4.0$。

对圆管截面，M_{nx} 和 M_{ny} 由式(5-43)计算：

$$M_n = \frac{0.33E}{\left(\dfrac{D}{t}\right)}S \tag{5-43}$$

式中，E 为弹性模量；D 为圆管截面的外径；t 为壁厚；S 为绕弯曲轴的弹性截面模量。

对冷弯薄壁截面，北美冷弯薄壁型钢规范 AISI S100-16[33]的计算公式为

$$\frac{N}{\varphi_{\min}A_e f_y} + \frac{\beta_{mx}M_x}{W_{ex}f_y(1 - N/N_{Ex})} + \frac{\beta_{my}M_y}{W_{ey}f_y(1 - N/N_{Ey})} \leqslant 1 \tag{5-44}$$

式中，N、M_x 和 M_y 分别为轴向压力、绕 x 轴和 y 轴的最大一阶弯矩；$\varphi_{\min}$ 为 φ_x 和 φ_y 的较小值；β_{mx} 和 β_{my} 分别为绕 x 轴和 y 轴的等效弯矩系数；A_e 为有效截面面积；W_{ex} 和 W_{ey} 分别为绕 x 轴和 y 轴的有效截面模量；N_{Ex} 和 N_{Ey} 分别为绕 x 轴和 y 轴的欧拉临界力；f_y 为钢材的名义屈服强度。

2) 欧洲规范 EN 1993-1-1 的计算方法

欧洲规范 EN 1993-1-1 对第 4 类截面双向压弯构件按以下公式计算：

$$\frac{N}{\chi_x A_e f_y} + k_{xx}\frac{M_x + Ne_{N,x}}{\chi_{LT}W_{ex}f_y} + k_{xy}\frac{M_y + Ne_{N,y}}{W_{ey}f_y} \leqslant 1 \tag{5-45a}$$

$$\frac{N}{\chi_y A_e f_y} + k_{yx}\frac{M_x + Ne_{N,x}}{\chi_{LT}W_{ex}f_y} + k_{yy}\frac{M_y + Ne_{N,y}}{W_{ey}f_y} \leqslant 1 \tag{5-45b}$$

式中，$e_{N,x}$ 和 $e_{N,y}$ 分别为截面仅受轴向压力时有效截面形心相对于毛截面形心沿 y 轴和 x 轴的相对偏移量；χ_x 和 χ_y 分别为绕 x 轴和 y 轴的弯曲屈曲降低系数；χ_{LT} 为梁的弯扭屈曲降低系数；k_{xx}、k_{xy}、k_{yx} 和 k_{yy} 为相关系数；A_e 为有效截面面积；W_{ex} 和 W_{ey} 分别为绕 x 轴和 y 轴的有效截面模量；f_y 为钢材的名义屈服强度。

χ_x 和 χ_y 根据式(5-17)～式(5-19)计算。χ_{LT} 根据式(4-32)～式(4-34)计算。k_{xx}、k_{xy}、k_{yx} 和 k_{yy} 的计算有两种方法，分别见欧洲规范 EN 1993-1-1 附录 A 和附录 B。

有效截面特性 A_e、W_{ex} 和 W_{ey} 的计算分三步：

(1)计算截面各组成板件所受的应力。应力的计算有两种情况：一种是 A_e 的计算仅考虑轴向压力所产生的应力，W_{ex} 和 W_{ey} 的计算仅考虑弯矩所产生的应力，对双向受弯构件，需考虑绕两个主轴同时弯曲；另一种是轴向压力和弯矩

共同作用所产生的应力。

(2)确定各组成板件的有效宽度及其分布，具体见 3.5.2 小节和 3.6.1 小节。

(3)计算整个有效截面的截面特性 A_e、W_{ex} 和 W_{ey}。

3) 我国标准 GB 50017—2017 的计算方法

我国标准 GB 50017—2017[3]规定，工字形截面和箱形截面压弯构件腹板高厚比超过 S4 级截面要求时，应按有效截面计算承载力，且仅给出了单向弯曲时的稳定承载力计算公式，未给出双向弯曲的稳定承载力计算公式。

单向弯曲时的稳定承载力计算分平面内和平面外两种情况。

平面内稳定承载力计算公式为

$$\frac{N}{\varphi_x A_e f_y} + \frac{\beta_{mx} M_x + Ne}{\gamma_x W_{e1x}(1 - 0.8N / N'_{Ex}) f_y} \leqslant 1 \tag{5-46}$$

平面外稳定承载力计算公式为

$$\frac{N}{\varphi_y A_e f_y} + \eta \frac{\beta_{tx} M_x + Ne}{\varphi_b W_{e1x} f_y} \leqslant 1 \tag{5-47}$$

式中，N 为轴向压力；A_e 为有效截面面积；M_x 为绕 x 轴的最大弯矩；φ_x 和 φ_y 分别为轴心受压构件绕 x 轴和 y 轴弯曲的整体稳定系数；e 为有效截面形心相对于毛截面形心沿 y 轴方向的偏移量；γ_x 为绕 x 轴的塑性发展系数；β_{mx} 和 β_{tx} 为等效弯矩系数；φ_b 为受弯构件的整体稳定系数；W_{e1x} 为有效截面对于较大受压纤维的毛截面模量；η 为截面影响系数，闭口截面 $\eta=0.7$，其他截面 $\eta=1.0$；f_y 为钢材的名义屈服强度；N'_{Ex} 为参数，$N'_{Ex} = \pi^2 EA / (1.1\lambda_x^2)$。

在应用公式(5-46)和公式(5-47)时，计算有效截面特性需要用到有效宽度。有效宽度的计算及其分布见 3.6.2 小节。

需要特别说明的是，上述规范给出的计算公式是否适用于计算高强钢压弯构件局部-整体相关屈曲承载力还缺乏相关的研究。

2. 新的计算方法

由于高强钢压弯构件受力复杂、影响因素众多、计算过程繁琐，因此寻找简单的计算方法一直是研究工作者的目标。

已有研究提出的方法有有效屈服强度法、修正的有效宽度法和直接强度法。

1) 有效屈服强度法

申红侠[23,24]研究了 Q460 钢焊接矩形管截面单向偏压构件的局部-整体相关屈曲极限承载力，并提出了计算公式。文献[23]的研究表明，高强钢焊接薄腹矩形管截面压弯构件达到极限承载力时仍处于弹性状态，故计算公式在边缘纤维屈服准则的基础上进行修正。

$$\frac{N}{\varphi_x A}+\frac{\beta_{mx}M_x}{W_{1x}(1-\varphi_x N / N'_{Ex})}\leqslant \alpha f_y \tag{5-48}$$

式中，A 为毛截面面积；W_{1x} 为根据受压最大纤维确定的对 x 轴的毛截面模量；α 为屈服强度修正系数。

与普通钢的计算公式相比，公式(5-48)只是给钢材的屈服强度 f_y 乘了一个修正系数 α。αf_y 可看作有效屈服强度，故该方法称为有效屈服强度法。

有限元计算结果表明[23,24]，α 是构件长细比 λ、矩形管截面腹板高厚比 h_w / t_w 及荷载偏心率 ε 的线性函数，用公式表达即

$$\alpha=1.285+0.151\varepsilon+0.006\lambda-0.013 h_w / t_w \tag{5-49}$$

式(5-48)采用了毛截面特性，式(5-49)又是线性函数，故该方法简单易用。

申红侠[30]将这种方法推广到 Q460 钢焊接薄壁箱形截面双向压弯构件，计算公式为

$$\frac{N}{\varphi_{min} A}+\frac{\beta_{mx}M_x}{W_{1x}(1-\varphi_x N / N'_{Ex})}+\frac{\beta_{my}M_y}{W_{1y}(1-\varphi_y N / N'_{Ey})}\leqslant \alpha f_y \tag{5-50}$$

式中，W_{1y} 为根据受压最大纤维确定的对 y 轴的毛截面模量；N'_{Ey} 为参数，$N'_{Ey}=\pi^2 EA / (1.1\lambda_y^2)$；$\varphi_{min}$ 为 φ_x 和 φ_y 中的较小值。

式(5-50)中的 α 可根据式(5-51)计算：

$$\alpha=1.2+0.003\lambda_x-0.011 b / t \tag{5-51}$$

式中，λ_x 为构件绕 x 轴的长细比；b/t 为板件宽厚比。

SHEN[31]将式(5-50)和美国规范 ANSI/AISC 360-10、可获得的试验结果比较。结果表明，式(5-50)可以达到美国规范 ANSI/AISC 360-10 的精度要求；对名义屈服强度为 268～741MPa 的钢材，在大部分长细比和大部分宽厚比范围内可以较好地预测焊接薄壁箱形截面双向压弯构件的局部-整体相关屈曲的极限承载力。

申红侠和刘翔[25]研究了 Q460 钢焊接方形管截面单向偏压构件的局部-整体相关屈曲极限承载力，提出了有效屈服强度法，计算公式为

$$\frac{N}{N_j}+\frac{M_x}{M_j(1-\varphi_x N / N'_{Ex})}\leqslant 1 \tag{5-52}$$

式中，N_j 和 M_j 分别为宽厚比超限构件在轴心受压和纯弯曲时的承载力。

$$N_j=\varphi A f_{Nye} \tag{5-53}$$

$$M_j=W_p f_{Mye} \tag{5-54}$$

式中，W_p 为塑性截面模量；f_{Nye} 和 f_{Mye} 分别为轴心受压和纯弯曲时的有效屈服强度。

$$f_{Nye} = 14\beta \left(\frac{b}{t}\right)^{-0.763} f_y \tag{5-55}$$

$$f_{Mye} = 4.2 \left(\frac{b}{t}\right)^{-0.352} f_y \tag{5-56}$$

式中，β 为参数。

当构件正则化长细比 $\overline{\lambda} = (\lambda / \pi)\sqrt{f_y / E} \leqslant 0.9$ 时，$\beta=1$；当 $\overline{\lambda} > 0.9$ 时，β 根据式(5-57)计算：

$$\beta = (0.0187\overline{\lambda} - 0.0162)\frac{b}{t} + 0.7\overline{\lambda}^2 - 2.08\overline{\lambda} + 2.3 \tag{5-57}$$

文献[25]表明，式(5-52)计算结果与有限元结果符合良好。但由于式(5-55)和式(5-56)为幂指数形式，因此计算方法复杂，不便应用。

2) 修正的有效宽度法

USAMI 和 FUKUMOTO[6,7]提出了有效宽度法。这种方法不仅要计算有效截面特性，还要用一个经验公式来计算轴心受压构件的承载力，计算较为复杂。

申红侠和杨春辉[26]研究了 Q460 钢焊接工字形截面单向偏压构件的局部-整体相关屈曲极限承载力，经比较多种方案提出了承载力表达式：

$$\frac{N}{A_e\varphi_x} + \frac{M_x}{\gamma_x W_{elx}\left(1 - 0.8\dfrac{N}{N'_{Ex}}\right)} = \beta f_y \tag{5-58}$$

式中，$N'_{Ex} = \pi^2 E A_e / (1.1\lambda_x^2)$；$\beta$ 为修正系数。

根据 GB 50017—2003，腹板的有效截面仅考虑腹板两侧各 $20t_w\sqrt{235 / f_y}$，计算比较粗糙。截面塑性发展系数受荷载偏心距 e 和截面高度 h 的影响，并不是常数，这也与有限元分析结果一致，取

$$\gamma_x = 1.3251 - 0.3031e / h + 0.11(e / h)^2 \tag{5-59}$$

修正系数 β 为

$$\beta = 1.2071 - 0.0355\varepsilon + 0.00344\lambda_x - 0.0444(b_f / t_f) + 0.0017(h_w / t_w) \tag{5-60}$$

式中，ε 为荷载偏心率；λ_x 为构件绕 x 轴弯曲的长细比；b_f / t_f 为翼缘的宽厚比；h_w / t_w 为腹板的高厚比。

文献[26]将式(5-59)和式(5-60)代入式(5-58)，反算出轴向压力极值，并与有

限元计算结果进行对比，误差变化范围为 $-6.78\%\sim9.66\%$，因此，式(5-58)与有限元计算结果吻合很好。

申红侠和赵克祥[28]研究了 Q460 钢焊接工字形截面单向压弯构件在弯矩作用下平面外发生局部-整体相关屈曲的极限承载力，得到了承载力计算公式，即

$$\frac{N}{\varphi_y A_e} + \eta \frac{\beta_{tx} M_x + Ne}{\gamma_x \varphi_b W_{e1x}} \leqslant \zeta f_y \tag{5-61}$$

式中，e 为有效截面形心相对于毛截面形心沿 y 轴方向的偏移量；φ_b 为受弯构件的整体稳定系数，由式(4-25)计算；ζ 为屈服强度修正系数。

屈服强度修正系数 ζ 由式(5-62)计算：

$$\zeta = 1.0 + 0.0024 h_w / t_w + 0.0037 \lambda_x \tag{5-62}$$

虽然屈服强度修正系数 ζ 的计算公式较简单，但式(5-61)采用有效截面特性，且 φ_b 计算复杂，同时考虑有效截面形心的偏移，故整个计算过程极为繁琐。

文献[28]将式(5-61)的计算结果与有限元结果比较，误差在 $-24.7\%\sim19.6\%$，误差的平均值为 4.41%，标准差为 5.63%。虽然误差的变化范围较大，但在 132 个构件中误差绝对值超过 10% 的只有 20 个，绝大部分构件的计算结果与有限元结果吻合较好。

3) 直接强度法

曹凯翔[34]采用有限元法研究了 Q460 钢焊接薄腹工字形截面双向压弯构件的局部-整体相关屈曲，提出了直接强度法计算公式：

$$\frac{P}{P_{nlx}} + \frac{M_x}{\gamma_x \left(1 - 0.8 \dfrac{P}{P'_{Ex}}\right) M_{nlx}} + \frac{M_y}{M_{nly}} \leqslant 1 \tag{5-63a}$$

$$\frac{P}{P_{nly}} + \frac{M_x}{M'_{nlx}} + \frac{M_y}{\gamma_y \left(1 - 0.8 \dfrac{P}{P'_{Ey}}\right) M_{nly}} \leqslant 1 \tag{5-63b}$$

式中，P 为轴向压力；$P'_{Ex} = \pi^2 EA / (1.1 \lambda_x^2)$；$P'_{Ey} = \pi^2 EA / (1.1 \lambda_y^2)$；$P_{nlx}$ 和 P_{nly} 分别为根据直接强度法计算的轴心受压构件绕 x 轴和 y 轴屈曲时的承载力；γ_x 和 γ_y 分别为绕 x 轴和 y 轴的塑性发展系数；M_{nlx}（M'_{nlx}）和 M_{nly} 分别为根据直接强度法计算的受弯构件绕 x 轴和 y 轴屈曲时的承载力。

P_{nlx} 和 P_{nly} 由式(5-64)计算：

当 $\lambda_{nl} < 0.626$ 时：

$$P_{nl} = P_n \tag{5-64a}$$

当 $\lambda_{\text{nl}} > 0.626$ 时：

$$P_{\text{nl}} = \left[1 - 0.006\left(\frac{P_{\text{crl}}}{P_{\text{n}}}\right)^{0.2}\right]\left(\frac{P_{\text{crl}}}{P_{\text{n}}}\right)^{0.2} P_{\text{n}} \tag{5-64b}$$

$$\lambda_{\text{nl}} = \sqrt{P_{\text{n}} / P_{\text{crl}}} \tag{5-65}$$

式中，P_{n} 为轴压构件整体稳定承载力；P_{crl} 为轴压构件局部屈曲荷载。

M_{nlx} 和 M_{nly} 由式(5-66)计算：

当 $\lambda_{\text{ml}} < 0.626$ 时：

$$M_{\text{nl}} = M_{\text{n}} \tag{5-66a}$$

当 $\lambda_{\text{ml}} > 0.626$ 时：

$$M_{\text{nl}} = \left[1 - 0.006\left(\frac{M_{\text{crl}}}{M_{\text{n}}}\right)^{0.2}\right]\left(\frac{M_{\text{crl}}}{M_{\text{n}}}\right)^{0.2} M_{\text{n}} \tag{5-66b}$$

$$\lambda_{\text{ml}} = \sqrt{M_{\text{n}} / M_{\text{crl}}} \tag{5-67}$$

式中，M_{n} 为受弯构件边缘纤维屈服时的弯矩，$M_{\text{n}} = W f_{\text{y}}$；$M_{\text{crl}}$ 为受弯构件腹板局部屈曲时的弯矩。

M'_{nlx} 仍由式(5-66a)和式(5-66b)计算，但 $M_{\text{n}} = M'_{\text{n}} = \varphi_{\text{b}} W_x f_{\text{y}}$。

式(5-63a)和式(5-63b)采用毛截面特性，形式上貌似比较简单，其实不然，原因是 P_{nlx}、P_{nly}、M_{nlx}、M'_{nlx} 和 M_{nly} 这 5 个量每个都需两个公式计算。

文献[34]研究发现，有限元计算结果比式(5-63)的计算结果平均高 21.1%，式(5-63)比较保守。

参 考 文 献

[1] American Institute of Steel Construction. Specification for Structural Steel Buildings: ANSI/AISC 360-16[S]. Chicago: American Institute of Steel Construction, 2016.

[2] European Committee for Standardization. Eurocode 3 — Design of Steel Structures — Part 1-1: General Rules and Rules for Buildings: EN 1993-1-1: 2005[S]. Brussels: European Committee for Standardization, 2005.

[3] 住房和城乡建设部, 国家质量监督检验检疫总局. 钢结构设计标准: GB 50017—2017[S]. 北京: 中国建筑工业出版社, 2017.

[4] 陈绍蕃. 轴心压杆板件宽厚比限值的统一分析[J]. 建筑钢结构进展, 2009, 11(5): 1-7.

[5] 陈绍蕃, 王先铁. 单角钢压杆的肢件宽厚比限值和超限杆的承载力[J]. 建筑结构学报, 2010, 31(9): 70-77.

[6] USAMI T, FUKUMOTO Y. Local and overall buckling of welded box columns[J]. Journal of the Structural Division, 1982, 108(ST3): 525-542.

[7] USAMI T, FUKUMOTO Y. Welded box compression members[J]. Journal of Structural Engineering, 1984, 110(10): 2457-2470.

[8] RICHARD LIEW J Y, SHANMUGAM N E and LEE S L. Behavior of thin-walled steel box columns under biaxial loading[J]. Journal of Structural Engineering, 1989, 115(12): 3076-3094.

[9] DEGÉE H, DETZEL A, KUHLMANN U. Interaction of global and local buckling in welded RHS compression members[J]. Journal of Constructional Steel Research, 2008, 64(7-8): 755-765.

[10] 申红侠. 高强度钢焊接方形截面轴心受压构件的局部和整体相关屈曲[J]. 工程力学, 2012, 29(7): 221-227.

[11] SHEN H X. On the direct strength and effective yield strength method design of medium and high strength steel welded square section columns with slender plate elements[J]. Steel and Composite Structures, 2014, 17(4): 497-516.

[12] SHEN H X. Ultimate capacity of welded box section columns with slender plate elements[J]. Steel and Composite Structures, 2012, 13(1): 15-33.

[13] PIRCHER M, O'SHEA M D and BRIDGE R Q. The influence of the fabrication process on the buckling of thin-walled steel box sections[J]. Thin-Walled Structures, 2002, 40(2): 109-123.

[14] 申红侠. 宽厚比超限的高强钢方形截面轴心受压构件的极限承载力[J]. 建筑结构, 2012, 42(11): 119-122.

[15] American Institute of Steel Construction. Specification for Structural Steel Buildings: ANSI/AISC 360-10[S]. Chicago: American Institute of Steel Construction, 2010.

[16] 申红侠, 林启邦. 中美新规范关于焊接薄壁箱形轴压构件稳定承载力设计方法研究[J/OL]. 建筑钢结构进展, 2019. http://kns.cnki.net/kcms/detail/31.1893.TU.20190911.1441.002. html.

[17] European Committee for Standardization. Eurocode 3 — Design of steel structures — Part1-5: Plated structural elements: EN 1993-1-5: 2006[S]. Brussels: European Committee for Standardization, 2006.

[18] SCHAFER B W. Review: the direct strength method of cold-formed steel member design[J]. Journal of Constructional Steel Research, 2008, 64(7-8): 766-778.

[19] SCHAFER B W, CHEN H, MANLEY B E, et al. Enabling cold-formed steel system design through new AISI standards[C].Structures Congress 2015. Reston: American Society of Civil Engineers, 2015: 995-1007.

[20] KWON Y B, KIM N G and HANCOCK G J. Compression tests of welded section columns undergoing buckling interaction[J]. Journal of Constructional Steel Research, 2007, 63(12): 1590-1602.

[21] 陈绍蕃. 焊接薄壁箱形截面轴心压杆的承载力计算[J]. 建筑钢结构进展, 2009, 11(6): 1-7.

[22] 申红侠, 任豪杰. 高强钢构件稳定性研究最新进展[J]. 建筑钢结构进展, 2017, 19(4): 53-62, 92.

[23] SHEN H X. Behavior of high-strength steel welded rectangular section beam-columns with slender webs[J]. Thin-Walled Structures, 2015, 88(3): 16-27.

[24] 申红侠. 高强钢焊接薄腹矩形管截面压弯构件平面内的极限承载力[J]. 西安建筑科技大学学报(自然科学版), 2015, 47(5): 642-648.

[25] 申红侠, 刘翔. 高强钢焊接方形截面偏压构件整体和局部相关屈曲承载力分析[J]. 建筑结构, 2014, 44(4): 35-38.

[26] 申红侠, 杨春辉. 高强钢焊接工字形截面压弯构件局部–整体相关屈曲分析[J]. 建筑结构, 2013, 43(22): 33-38.

[27] 顾强, 陈绍蕃. 宽腹板工形截面偏压构件平面内的承载能力[J]. 建筑结构学报, 1991, 12(3): 55-62.

[28] 申红侠, 赵克祥. Q460 高强钢焊接工字形截面压弯构件局部和整体弯扭相关屈曲有限元分析[J]. 建筑钢结构进展, 2015, 17(4): 1-9,18.

[29] 申红侠, 彭超, 任豪杰. 高强钢方管截面双向压弯构件局部和整体相关屈曲研究[J]. 工业建筑, 2016, 46(7): 41-46, 86.

[30] 申红侠. 高强钢焊接薄壁箱形截面双向压弯构件的稳定承载力[J]. 建筑钢结构进展, 2020, 22(4): 57-67.

[31] SHEN H X. A new simple method for the strength of high-strength steel thin-walled box columns subjected to axial force and biaxial end moments[J/OL]. Advances in Civil Engineering, 2019: 7495890. https://www.hindawi.com/journals/ace/2019/7495890/. DOI: 10.1155/2019/7495890.

[32] SALEM A H, EL AGHOURY M, EL DIB F F, et al. Strength of biaxially loaded slender I-section beam-columns[J]. Canadian Journal of Civil Engineering, 2007, 34: 219-227.

[33] American Iron and Steel Institute. North American Cold-Formed Steel Specification for the Design of Cold-Formed Steel Structural Members: AISI S100-16[S]. Washington D.C.: American Iron and Steel Institute, 2016.

[34] 曹凯翔. 高强钢焊接薄腹工形截面双向压弯构件的稳定分析[D]. 西安: 西安建筑科技大学, 2014.